DESCRIPTION

DE QUELQUES

VASES PEINTS,

ÉTRUSQUES, ITALIOTES, SICILIENS ET GRECS,

PAR

H. D. DE LUYNES,

MEMBRE DE L'ACADÉMIE DES INSCRIPTIONS ET BELLES-LETTRES.

PARIS,

TYPOGRAPHIE DE FIRMIN DIDOT FRÈRES,

IMPRIMEURS DE L'INSTITUT DE FRANCE,

RUE JACOB, 56.

1840.

DESCRIPTION

DE QUELQUES

VASES PEINTS,

ÉTRUSQUES, ITALIOTES, SICILIENS ET GRECS,

PAR

H. D. DE LUYNES,

MEMBRE DE L'ACADÉMIE DES INSCRIPTIONS ET BELLES-LETTRES.

En formant la petite collection que je publie, je ne me proposais pas un but scientifique; l'expérience m'avait montré que, les vases portant des sujets curieux finissent par devenir communs, tandis que ceux dont le dessin est pur, noble et vrai, resteront toujours rares et admirés. Je ne me flattais pas d'en réunir un grand nombre; j'en ai rencontré moins que je ne l'espérais. Quelques vases, singuliers par leur fabrique ou par leurs sujets, sont venus se ranger auprès des premiers; je les ai fait graver ensemble, les uns pour la science, les autres pour l'art dont ils montrent quelle dut être la perfection dans les pays où de simples potiers décoraient de si élégantes compositions les nombreux produits de leur industrie.

PLANCHES I, II, III.

Vulci, Amphore.

Pl. I. — MORT DE CYCNUS.

Frise régnant autour du vase à la partie supérieure de la panse, au bas du collet.

Elle est divisée en deux parties égales, renfermant, l'une quatre, l'autre cinq groupes de combattants, partagés à la hauteur des anses par deux figures isolées. La première est un trompette phrygien vêtu de rouge et sonnant avec un cor recourbé. Derrière lui, à gauche, est le groupe principal. Il représente Cycnus, roi de Colone en Troade,

cherchant à s'opposer au débarquement des Grecs. Vaincu par Achille, mais encore
protégé par Tenès, son fils, ou par un de ses guerriers, Cycnus, ayant un cygne pour
emblème de son bouclier, est tombé sur un genou et se défend avec peine (1). Plus
loin, à gauche, on voit les monomachies de trois guerriers, compagnons de Cycnus,
contre autant de héros grecs. Les emblèmes des boucliers portés par les Asiatiques sont
les seuls visibles sur cette face. Ce sont un sanglier, un cerf axis, une chèvre et un astre.
Les mêmes symboles se retrouvent sur les monnaies de Cyzique, d'Éphèse, d'Antandrus
et de Tralles.

La seconde partie de la frise est séparée de celle que nous venons de décrire par un
archer troyen qui prend la fuite. Cinq guerriers grecs attaquent, de ce côté, les dé-
fenseurs de Cycnus. Tous les emblèmes de leurs boucliers sont visibles. On y reconnaît la partie antérieure d'un cheval, une tête de panthère, la partie antérieure d'un
bélier, les ailes d'un foudre, la partie antérieure d'un lion. Les mêmes symboles se
retrouvent sur les monnaies d'Arpi, fondée par Diomède, d'Athènes, patrie de Menesthée,
de Salamine, où régnait Télamon, père d'Ajax, de Præsus en Crète, où régnait Idoménée;
enfin, sur le coffre de Cypsélus, une tête de lion ornait le bouclier d'Agamemnon (2).
Nous sommes loin de penser que les peintres grecs fussent toujours très-scrupuleux sur le
choix des symboles dont ils décoraient les boucliers de leurs guerriers, mais, sur ce vase, si
remarquable par le soin qui a présidé à son exécution, et où les deux faces sont consa-
crées à des sujets si importants, il y a lieu de croire que la frise représentait un fait bien
déterminé. Pour en désigner les personnages, Amasis n'aura pas, sans intention, tracé
l'emblème du guerrier principal, ni placé près de lui le combattant avec le lion, symbole
d'Agamemnon, ni, enfin, indiqué le lieu de la scène par deux Phrygiens dont le costume national ne peut être méconnu.

Pl. II. — Dispute de Minerve et de Neptune.

C'est ainsi que l'a expliqué M. de Witte. *Catalogue du cabinet Durand,* p. 16. Légende :

ΑΘΕΝΑΙΑ, ΓΟΣΕΙΔΟΝ, ΑΜΑΣΙΣ ΜΕ ΓΟΙΕΣΕΝ.

Minerve, Neptune, Amasis m'a fait.

Pl. III. — Bacchus et deux ménades.

Debout, couronné de lierre, vêtu d'une longue robe et d'un manteau, Bacchus tient
à la main le canthare d'or que lui avait fabriqué Vulcain. Deux femmes accourent vers
lui, en se tenant embrassées. Chacune d'elles porte une branche de lierre : l'une présente
au dieu un lièvre qu'elle a saisi par les oreilles; l'autre tient par les jambes antérieures
un petit cerf moucheté. Les profils, les bras et les pieds de ces femmes sont dessinés
au simple trait. Légende :

ΔΙΟΝΥΣΟΣ, ΑΜΑΣΙΣ ΜΕ ΓΟΙΕΣΕΝ.

Bacchus, Amasis m'a fait.

---

(1) *Dictys. cret.,* lib. II, cap. 12; *Tzetz. ad. Lycophr.,* v. 132.
(2) *Pausan.,* lib. V, cap. 19.

M. de Witte, *Cat. du cab. Durand*, loc. sup., reconnaît dans ces figures les ménades qu'il nomme Aura et Argé, caractérisées, dit-il, par le lièvre αὖρος et par la biche Argé. Mais Argé n'a jamais été désignée comme une ménade ; c'était une nymphe changée en biche, pour avoir voulu défier le Soleil à la course. Peut-être pourrait-on voir dans ces deux figures les Grâces, compagnes de Bacchus selon les mythes primitifs (1). On se rappellera encore que dans la Collection de M. Durand existait un vase où la Tragédie, ΤΡΑΓΟΙΔΙΑ, était debout auprès de Bacchus, et portait un lapin sur sa main gauche (2). Les deux compagnes de Bacchus seraient-elles ici la Tragédie et la Comédie, ΚΩΜΩΔΙΑ qui le précède sur un vase du musée du Louvre (3)? Les bacchantes, saisies de la fureur sacrée, se répandaient, d'ailleurs, sur les montagnes et les parcouraient en poursuivant les animaux sauvages, dont elles ne craignaient pas d'attaquer et de déchirer les plus féroces.

PLANCHES IV et V.

Canino, Stamnus ?

Pl. IV. — Dispute du trépied.

Hercule, nu et barbu, brandissant sa massue de la main droite, s'efforce d'emporter le trépied que retient Apollon, vêtu d'une tunique courte, couronné de laurier et le carquois sur l'épaule. Derrière Apollon paraît Diane sans attributs. Entre le dieu et Hercule on voit un jeune faon. Les trois légendes sont inintelligibles. (Cf. de Witte, *Descript. de vases peints prov. de l'Étrurie*, p. 45.)

Pl. V. — Bacchus et son cortége.

Bacchus, barbu, est debout entre deux ménades, jouant des crotales. Le dieu, tenant le canthare, regarde en arrière. A gauche, un satyre ithyphallique se retourne et fait claquer ses doigts. (Cf. de Witte, loc. sup.)

(1) Pindar., *Ol.*, XIII, 20. Schol. Pind., *Ol.*, V, 10. Pausan., lib. V, cap. 14. Les Grâces étaient primitivement au nombre de deux. Pausan., lib. IX , cap. 35.
(2) De Witte, *Cab. Durand.*, p. 39.
(3) Millin, *Gal. mythol.*, pl. 83.

PLANCHES VI, VII.

Vase de travail étrusque. Amphore.

APOLLON, ISCHYS ET CORONIS.

Dans les deux compositions de ce vase, M. Panofka a cru reconnaître Apollon perçant de ses flèches le géant Tityus, au moment où il veut enlever Latone, et sur l'autre face, deux hyperboréens, homme et femme, conduits par Calaïs, et Zetès devant Apollon et Diane (1).

M. de Witte propose une autre explication. Il voit, sur notre vase, Apollon donnant la mort à Phlégyas et à sa fille Coronis, dont il châtie ainsi l'infidélité; de l'autre côté, il retrouve les ombres des mêmes mortels amenées par des kérès devant les divinités venge-resses qui les ont fait périr (2). Cette explication, qui nous paraît bien plus voisine de la vérité, serait plus complète encore si l'on réunissait les anciennes traditions relatives à la naissance d'Esculape.

Selon Pindare, Apollon, irrité de l'infidélité de Coronis, qui l'oubliait auprès de l'Arca-dien Ischys, envoya Diane pour punir la fille de Phlégyas. Un grand nombre de mortels furent frappés en même temps (3). Selon Hésiode, le corbeau vint annoncer au dieu de Delphes que Coronis avait épousé Ischys; Phérécyde ajoute que Diane, envoyée par son frère, ayant immolé Coronis avec beaucoup d'autres femmes, Apollon lui-même mit Ischys à mort, et, après avoir accompli sa vengeance, confia le jeune Esculape à Chiron (4).

Nous pensons donc que ce vase représente Ischys atteint des flèches d'Apollon, tandis qu'il fuit avec Coronis, et de l'autre côté, les deux coupables ramenés par les Génies de la mort (5) devant les divinités qui les ont frappés. Le chien qui court sous le char et qui accompagne les deux divinités, paraît représenter une des Furies que l'on appelait les chiens de Jupiter, et qui prenaient quelquefois cette forme. Le griffon derrière Apollon est le symbole héliaque consacré à ce dieu. Quant aux animaux qui forment la bande inférieure, ils offrent trop de champ aux conjectures, pour que nous en cherchions l'explication.

Le dessin de ce vase est d'une extrême rudesse; sa terre, d'un jaune clair, est assez fine, mais grossièrement tournée; les noirs sont sans éclat, les rouges et les blancs ont beaucoup de vivacité. Il sort évidemment de l'atelier où fut fabriqué un autre vase à figures noires et à sujets obscènes qui existait dans la collection de M. Durand.

PLANCHE VIII.

Vulci, Amphore tyrrhénienne.

COMBAT D'HERCULE ET DE GÉRYON.

Ce vase est remarquable par son intégrité, la finesse de sa terre, sa faible épaisseur et le brillant vernis de ses parties peintes en noir, ainsi que par l'éclat des rouges de re-

(1) *Annali dell' Instit. di corr. Arch.*, t. VII, p. 86, seq.
(2) *Cat. du cabinet Durand*, p. 440.
(3) Pyth. III, *Ant.* 2.
(4) Schol. Pind. ad loc. sup.
(5) Ker et Thanatos ou Thanatos et Pluton. Ce dernier est représenté comme une divinité ailée, au regard sinistre, qui conduit les humains dans la demeure des morts. Euripid., Alcest., v. 269.

touche employés à sa décoration. Les blancs ont moins de ténacité et sont ternes malgré
leur bonne conservation. Le style de la peinture est archaïque, mais d'imitation; ce que
démontre le contraste entre la figure de Minerve, posée comme une statue de sculpture
primitive, et le reste de la composition, traité avec une grande liberté de forme, tant à la
pointe qu'au pinceau. C'est absolument le même travail, la même écriture affectant l'antiquité, en un mot, c'est la même main que l'on reconnaît sur le vase de la mort d'Achille,
publié dans les Monuments inédits de l'Institut archéologique, t. I, pl. 51. Voici la description que M. de Witte a donnée de notre vase dans le catalogue de ceux qui apparte-
naient à M. de Magnoncour, p. 27.

« HPAKΛEΣ. Hercule est barbu et couvert de la peau de lion; un carquois est suspendu
« sur son dos; à côté de ce carquois est le fourreau ou étui destiné à renfermer l'arc; le
« héros lance des flèches. ΓAPVFONEΣ, Géryon, a trois têtes et six bras qui sortent d'un
« seul tronc porté par deux jambes. Deux grandes ailes recoquillées se rattachent à ses
« épaules. Les trois casques ont des cimiers élevés; le géant combat avec trois lances; une
« épée est suspendue à sa ceinture; ses jambes sont couvertes de cnémides. Quant aux trois
« boucliers, ils sont argiens. On ne voit l'emblème que d'un seul : c'est un grand oiseau
« de proie, un aigle ou un faucon, κίρκος. Une flèche lancée par Hercule est entrée dans la
« poitrine de Géryon. Aux pieds des combattants est étendu le chien Orthrus, qui n'a
« qu'une seule tête et qui vient d'être éventré par Hercule. Près de Géryon gît son berger
« Eurytion, EVPVTION, qui est barbu et revêtu d'une tunique courte très-serrée; une
« flèche l'a percé dans le dos. En arrière d'Hercule, à gauche de la scène, est AOENAIE,
« Athéné, debout, les pieds serrés l'un contre l'autre, comme un ancien brétas. La déesse
« a la tête nue; par-dessus son étroite tunique de pourpre est l'égide qui couvre son dos, et
« d'où s'élancent six grands serpents. Athéné porte une lance dans la main droite. A la
« suite de la déesse, sous une des anses, est peint le troupeau de Géryon. On y voit un beau
« taureau blanc placé à la tête de quatre génisses noires, et de couleur pourpre (φοινικαί).
« Enfin, entre ce troupeau et Géryon est un quadrige, vu de face, et conduit par un ho-
« plite qui porte un casque dont la visière est abaissée. De chaque côté du quadrige, vole
« dans une direction opposée un grand oiseau de proie. Cet hoplite est probablement Iolas.
« Dans une frise qui règne au-dessus de cette composition, sont six éphèbes à cheval, qui
« courent dans l'hippodrome. En arrière de chaque groupe de trois éphèbes vole un oiseau
« de proie; des fleurs sont peintes dans le champ. »

M. de Witte ajoute qu'il existe seulement quatre vases de ce travail : l'un, celui qu'il
vient de décrire; le second, celui qui représente aussi Hercule et Géryon, et, au revers, Persée
et les Naïades, appartenant à M. Millingen; le troisième, la mort d'Achille; le quatrième
faisait partie de la collection Durand, et se voit au cabinet des médailles.

Nous ajouterons à cette description, que le quadrige monté par un guerrier armé assistant au combat d'Hercule contre Géryon, se retrouve sur deux autres vases décrits par
M. de Witte, *Cat. Durand*, p. 97 *seq.* Sur l'un de ces vases l'hoplite porte le nom d'An-
chipus, et il serait naturel d'en conclure que l'hoplite de notre amphore n'est pas Iolas,
mais plutôt, le propriétaire ou le donateur. Cependant, un vase d'Euphronius, aussi publié
par M. de Witte, *Cat. étrusque*, p. 39, représente Hercule combattant Géryon, et assisté
par Iolas, IOLEOΣ, armé de toutes pièces. Dans toutes ses représentations, autant que
permettent de le constater les faces visibles de ses boucliers, Géryon porte des emblèmes tel-
luriques, marins et célestes. Celle de ses têtes qui est frappée d'une flèche, le plus souvent
dans l'œil, paraît appartenir au corps armé du bouclier à symbole céleste. Hercule attaque
les autres corps avec l'épée ou la massue. N'est-ce pas parce que Géryon, être mystérieux,
possesseur des troupeaux du Soleil, commandait aux trois éléments, l'air, la terre et l'eau,
et que, dans son combat avec Hercule, une flèche pouvait seule frapper la tête qui régnait
sur le ciel? L'analogie entre Géryon et Hécate est très-sensible sous ce rapport et sous celui

de la représentation graphique ou plastique. Nous trouvons encore dans Hérilus, triple roi de Préneste, fils de Féronia, tué par Évandre, un Géryon italique, dont la défaite illustra le fondateur du culte d'Hercule à Rome (1). Sur notre vase, comme sur la célèbre coupe d'Euphronius, le taureau blanc indique le soleil, et les quatre génisses les quatre saisons de l'année, fixées par les solstices et les équinoxes.

PLANCHES IX, X.

Vulci ; Hydrie.

L'ENLÈVEMENT D'HÉLÈNE. LES DIOSCURES ET LES APHARÉIDES.

Selon M. Lenormant, le grand tableau vertical de notre hydrie représente Chryséis enlevée par trois Grecs. La peinture de la frise supérieure et oblique, voisine du collet, paraît à M. de Witte (*Cat. Durand, p.* 135, 136), exprimer un combat de quatre guerriers, entre lesquels est placée *Athéné Promachos*, qui remplace *Eris*.

Selon nous, les deux sujets appartiennent à la même fable. Sur la panse du vase, on voit Thésée, accompagné des deux Apharéides, Idas et Lyncée, enlevant Hélène de Sparte et la conduisant à Athènes (2). Ainsi s'expliquent le nombre des guerriers, leurs différents rôles, et surtout la présence du char. .

La composition supérieure exprime le combat des deux Dioscures contre les mêmes fils d'Apharée, pour leur enlever leurs fiancées, filles de Leucippus, Phœbé, prêtresse de Minerve, Hileaira, prêtresse de Diane (3). Ainsi s'explique la présence des quatre combattants, celle de Minerve, protectrice habituelle des fils de Jupiter, et celle des deux femmes assistant à l'action.

PLANCHES XI, XII.

Vulci ; Amphore.

Pl. XI. — COMBAT D'ACHILLE ET DE MEMNON.

En présence de Thétis et de l'Aurore, Achille renverse et frappe de sa lance Memnon, qui cherche en vain à se couvrir de son grand bouclier rond, orné d'un trépied peint en blanc. Entre les jambes d'Achille vole un oiseau de proie (4). Cinq inscriptions inintelligibles. On ne devinerait pas avec certitude le sujet de cette composition, si d'autres vases presque pareils ne la reproduisaient avec les noms des personnages. Les artistes grecs ont montré peu de variété dans leur manière de mettre en scène des sujets souvent traités par les poëtes, et, comme l'a observé M. de Witte, ils avaient des groupes tout combinés, auxquels, sans changer les figures, ils apposaient des noms variés. Ils paraissent avoir été aussi peu scrupu-

(1) Virg., *Æneid.*, lib. VIII, v. 56o. Serv. ad eumd.
(2) Herodot., lib. IX, cap. 73. Plutarch. Thes., c. 31.
(3) Schol. Pind., *Nem.*, X, 112; Hygin., fab. 80.
(4) Cet oiseau, volant près des guerriers vaincus, est souvent représenté sur les vases grecs trouvés en Étrurie. C'est probablement une *Dira* sous sa forme de mauvais augure, comme la décrit Virgile, dans le combat d'Énée avec Turnus.

leux sur les costumes, changeant jusqu'à ceux des dieux selon les différentes époques ; reproche que nous avons longtemps adressé aux artistes du moyen âge, sans soupçonner que l'antiquité même n'était pas à l'abri de cette critique.

Pl. XII. — Hector conduisant Paris au combat.

Pâris, encore nu, s'arme de ses cnémides. Son casque, orné de plumes droites, et son bouclier, sont déposés à terre. Devant lui, Hélène lui présente son épée. Derrière Pâris, un vieillard, peut-être Anténor, tient la lance du jeune guerrier. Auprès d'Hélène et lui tournant le dos, Hector, déjà tout armé, portant un casque orné de clous d'argent, et une riche cuirasse d'argent, avec des cnémides, un bouclier et une lance, tient de la main droite une patère pleine de vin. Il reçoit, avec les adieux de son père Priam, ceux du jeune Astyanax, debout devant lui et lui tendant les bras. Énée et Déiphobe, armés aussi de toutes pièces, attendent le signal du départ. Trois inscriptions inintelligibles.

M. de Witte a décrit cette scène en hésitant sur son interprétation. Il reconnaît, comme nous, Hector, Astyanax et Priam ; mais le second groupe lui semble pouvoir être Achille s'armant en présence de Thétis et de Phœnix. Il n'est pas vraisemblable que l'on ait ainsi réuni, dans le même cadre, deux scènes si éloignées. M. de Witte tenait peu à cette opinion, puisque, cherchant à rattacher à un seul fait les peintures des deux faces de notre amphore, il était porté à voir, dans le premier groupe, Memnon prenant congé de Priam ; dans le second, Achille s'apprêtant à combattre le fils de l'Aurore. Cette incertitude nous autorise à proposer notre explication, dont l'absence d'Andromaque est, nous le croyons, le plus grave défaut. Une omission de ce genre n'est pourtant pas sans exemple dans les monuments antiques, et nous pensons que l'unité de la scène, comme nous la comprenons, est un point essentiel qu'il ne fallait pas perdre de vue.

PLANCHES XIII, XIV.

Amphore; Vulci.

Thésée et le Minotaure.

Pl. XIII.

Thésée, couvert d'une nébride, perce de son glaive le Minotaure agenouillé, qui, retenu par sa corne, s'efforce de frapper le héros avec une pierre. Une jeune fille avec un éphèbe assistent au combat et admirent le courage de leur défenseur. Composition très-souvent répétée sur les vases grecs ; connue surtout par le beau vase de Taleidès.

Pl. XIV. — Char de guerre.

Quadrige vu de face, monté par un hoplite, et conduit par un cocher vêtu de blanc, imberbe, la tête ceinte d'une bandelette. Il est accompagné par un hoplite barbu et armé d'une lance. Ce quadrige est curieux par son raccourci, qui permet de reconnaître la manière dont les essieux étaient arrêtés au moyen d'un gros écrou, et comment des bandes de métal ou de cuir étaient destinées à consolider l'extrémité des rais, peut-être aussi la jonction des jantes. On voit de quelle façon le timon recourbé, montant à la hauteur du garrot des chevaux, portait, au moyen de courroies, un joug transversal arrêté au collier de ces deux chevaux, tandis que ceux de l'extérieur, retenus seulement par leurs rênes passées dans l'extrémité du joug, devaient être réservés pour servir à relayer ceux qui traînaient le char. On a déjà vu, sur la planche VIII, un char pareil à celui-ci, avec quelques notables perfectionnements dans la disposition du joug et celle des roues. Ces perfectionnements sont même un signe indubitable de la date assez peu ancienne du vase de Géryon. On peut observer, en même temps, qu'au revers d'un des travaux d'Hercule est peint le char de face, comme au revers d'un des travaux de Thésée, l'Hercule attique.

PLANCHE XV.

Grèce; Lécythus à fond blanc.

Scène d'amour.

Deux éphèbes s'entretiennent avec deux jeunes filles. L'une, d'un âge encore tendre, est debout avec son amant; l'autre, assise sur un ocladias, tient une fleur, présent du jeune homme, qui lui parle, familièrement appuyé sur son genou. Vers lui s'approche, en volant, un Amour portant deux guirlandes. Au-dessus, on lit ΚΑVΟΣ. Le vase est incorrect d'exécution, mais d'une composition facile et gracieuse.

PLANCHE XVI.

Vulci; Lécythus à fond blanc.

Otus.

Le géant Aloïde, Otus, tombe percé des flèches d'Apollon et de Diane (1).

Ce vase décrit comme un sujet militaire par M. de Witte (2), est intéressant sous plusieurs rapports. Son sujet rentre dans les compositions habituelles des gigantomachies, et les flèches dont est percé le guerrier attestent que sa lance et son bouclier ne le protégeront pas contre les dieux, qui atteignent de loin. Cette figure, d'un beau dessin, est peinte en noir sur un fond blanc. Les traits de l'intérieur, au lieu d'être tracés à la pointe, le sont ici en relief noir, comme sur les figures rouges. Les trois inscriptions sont mutilées et indéchiffrables.

PLANCHE XVII.

Locres; Lécythus à fond blanc.

Œdipe et le Sphinx.

Œdipe, tout armé, mais la tête nue, écoute le sphinx accroupi devant lui.

(1) Homer., *Odyss.*, XI, v. 305; *Iliad*, V, v. 385.
(2) *Cat. Durand*, p. 274.

PLANCHE XVIII.

Locres; Lécythus à fond blanc.

Une choéphore.

Devant une stèle funèbre, une femme, tenant d'une main le vase d'eau lustrale, fait, de l'autre, une libation en honneur des morts.

PLANCHES XIX, XX.

Vulci; Cylix.

Combat des dieux et des géants.

Dans cette grande composition, l'absence de Jupiter est aussi remarquable que la répétition de Neptune à l'intérieur et à l'extérieur de la coupe. A l'intérieur, le géant Polybotes, armé d'un casque et d'une cuirasse, est déjà blessé à la cuisse et tire son épée d'une main mourante. Son bouclier est orné d'un canthare. Neptune lui laisse tomber sur la tête un bloc de terre habité par des reptiles et par un renard, qui s'enfuit précipitamment. Ce rocher est l'île de Nisyros, fragment détaché de celle de Cos. Autour, on lit la légende habituelle : **HO ΓAIS KAVOS**.

A l'extérieur, en commençant par une anse, Vulcain casqué, cuirassé et armé de cnémides, tient avec des tenailles deux masses de fer brûlant, et, au moyen de ces armes terribles, renverse le géant Clytius, son adversaire. Derrière Vulcain reparaît le groupe de Neptune et de Polybotes avec de légères variantes. Ainsi qu'à l'intérieur, le géant est blessé à la cuisse, et il porte un canthare sur son bouclier. L'île que brandit Neptune est habitée par un lièvre, un scorpion, un serpent, un hérisson. Plus loin, à droite, Apollon, vêtu d'une tunique courte et chaussé de bottines, tient d'une main son arc et une flèche; de l'autre une grande lance, dont il vient de percer Éphialtes. Le bouclier de celui-ci est décoré d'un scorpion. L'anse du vase n'interrompt pas la composition. Après le groupe d'Apollon vient celui de Mercure et d'Hippolytus, que le jeune dieu frappe de son épée. Mercure porte le même costume qu'Apollon. Son adversaire est imberbe comme lui. A la suite de Mercure, Bacchus, couvert d'une longue robe et d'un péplus de femme, barbu, couronné de lierre, les cheveux longs et ondoyants, vient d'enlacer, avec une branche de lierre ou de vigne, un géant qui, se couvrant de son bouclier orné d'un canthare, fait d'inutiles efforts pour rompre à coups d'épée les liens dont il se trouve environné. Cette manière de dompter son adversaire était familière à Bacchus, qui en fit usage pour châtier Glaucus, dieu marin et amant d'Ariadne (1); il fit aussi croître et se répandre de tous côtés dans le navire des pirates tyrrhéniens, un lierre qui l'obstruait de ses rameaux (2). Selon Ératosthènes, Bacchus et Vulcain avec les satyres vinrent, montés sur des ânes, prendre part au combat contre les géants (3). La dernière monomachie de

(1) Athen., lib. VII, c. 12.
(2) Homer., Hymn. in Bacch., 44.
(3) Catast. 11.

notre coupe est celle de Minerve contre Encelade. Les géants sont barbus, cuirassés, armés de boucliers, de cnémides, et portant des épées de la forme des yatagans orientaux (1); un seul, celui qui combat contre Mercure, est imberbe, comme nous l'avons dit, et tient un glaive. Trois ont à leurs boucliers des appendices en cuir, destinés à garantir les jambes des coups de flèches et de javelots. HO ΓAIS KAVOS, HO ΓAIS KAVOS. Les deux principales scènes de cette belle coupe sont les monomachies où figurent Neptune et Bacchus. Le sujet intérieur est encore le triomphe de Neptune sur un géant, dont le bouclier porte pour emblème un vase à boire. L'allusion méditée par le peintre semble évidente : en disposant ainsi Bacchus et Neptune sur les deux faces principales de la coupe, il conseille de mêler le vin et l'eau ; en donnant la prééminence à Neptune, il conseille la tempérance.

———◦◦◦———

PLANCHES XXI, XXII.

Agrigente ; Cratère.

VULCAIN CHEZ LES DIVINITÉS DE LA MER.

Le cratère que nous décrivons ici vient d'Agrigente, où il a été conservé longtemps par une famille notable du pays. Il contient, à l'intérieur, des ossements de femme ou de jeune homme, brûlés et réduits en fragments. Son dessin est d'un beau style archaïque perfectionné ; c'est un des monuments les plus intacts et les plus étudiés de ce genre.

M. le chevalier de Brœndsted a bien voulu publier ce vase dans les *Nouvelles Annales de l'Institut archéologique*, t. I, p. 139 et suiv. Le savant danois y reconnaît Neptune accueillant le vainqueur des jeux isthmiques, Thésée, son fils, qui, provoqué par Minos, s'est précipité dans les flots pour y chercher l'anneau du roi de Crète et en rapporter une couronne d'or, présent d'Amphitrite.

Les trois figures sur l'autre face, seraient des personnages hiératiques.

Selon M. Panofka, l'éphèbe serait Palémon, en mémoire duquel furent institués les jeux isthmiques. Au revers on verrait Ino-Leucothée accompagnée de deux néréides : derrière Neptune, une autre néréide offrirait une couronne d'or à Palémon (2).

Sans méconnaître ce que ces deux explications ont de vraisemblable, ni l'érudition qui les a dictées, nous allons en proposer une troisième, suggérée par l'examen attentif de notre vase.

———

PL. XXI.

Une scène très-simple se présente sur la face principale. Neptune ou Nérée, assis sur un trône, le trident à la main gauche, donne la droite à un jeune homme debout devant lui. Derrière le dieu une belle femme, debout, tient de ses deux mains une couronne de myrte déployée.

Le jeune homme lui-même paraît dans toute la vigueur de l'adolescence. Trois signes particuliers le caractérisent : sa chevelure, son vêtement et une ligature au pied droit, au-dessus de la cheville. Sa chevelure tombant en longues mèches frisées sur son front, est comprimée par derrière en deux bourrelets égaux, au moyen d'un double lien. C'est la même coiffure que porte *Vulcain* sur la belle coupe blanche de la collection de M. de

---

(1) Ce genre d'épée se nommait *copis*; il est décrit par Quinte Curce, lib. VIII, c. 14, 29. Cf. Pitisc. ad eumd.
(2) *Annali*, t. V, p. 364.

Magnoncour, où le dieu, encore imberbe, achève avec Minerve la création de Pandore (1). Le vêtement de notre éphèbe est une tunique sans manches, plissée et très-large, avec une étroite ceinture qui la relève au milieu. C'est la tunique d'ouvrier, celle de *Vulcain* lui-même, sur le vase que nous décrirons bientôt, planche XXXIII (2). Enfin, le lien ou l'anneau qui entoure sa jambe, peut-il indiquer autre chose que la claudication de *Vulcain*, objet de la risée des dieux, exprimée ici avec la dignité et la finesse d'allusion propre aux artistes grecs, et qui caractérisait le Vulcain d'Alcamènes (3)?

Quant au personnage assis, ce peut être aussi bien un Nérée qu'un Neptune. Virgile nous dépeint Nérée comme armé d'un trident et agitant les flots jusqu'au fond de la mer (4). On voit sur plusieurs vases Nérée tout semblable à Neptune (5); Catulle confond Nérée avec Neptune, en nommant ce dernier le père de Thétis (6).

La femme debout, qui tient une couronne, est Thétis ou Eurynome. Les bienveillantes néréides accueillirent Vulcain précipité du ciel, et durant neuf années le retinrent caché dans une grotte profonde environnée des flots de l'Océan. Dans sa reconnaissance, le jeune dieu fabriqua pour ses bienfaitrices de magnifiques parures, des colliers, des bracelets et des fibules (7). Plus tard, il fit pour les autres dieux différents ouvrages admirables: des trônes, des vases, des trépieds, des couronnes et des sceptres. Ce furent les cyclopes, ses ouvriers, d'autres disent les telchines, qui forgèrent le trident de Neptune (8).

Pl. XXII.

La scène du revers nous paraît se rattacher à celle que nous venons d'expliquer, et en être seulement la continuation. Doris, épouse de Nérée, est, en cette qualité, assise sur un siége. Elle tient à la main une couronne fabriquée par Vulcain. Devant Doris, une néréide est désignée par la tige de convolvulus qu'elle porte, comme sur le beau couvercle brûlé du musée de Naples, représentant l'enlèvement de Thétis (9). De l'autre côté de la figure principale, une seconde néréide tient une oinochoé et une patère, sans doute l'ouvrage du jeune dieu, contenant pour lui un vin précieux comme celui qu'offrit la néréide Cyrène à son fils Aristée, afin de faire des libations en honneur de l'Océan (10).

(1) De Witte, *Cat. des vases de M. de M.*, p. 7. Vulcain est imberbe sur plusieurs vases (Iughirami, *Vasi fittili*, pl. 267), et sur les médailles de Lemnos, de Lipara, d'Æsernia.

(2) Ce vêtement était appelé *exomis*; il pouvait laisser un bras libre, à volonté. Cf. Müller, *Handb. der Arch. der Kunst*, p. 422.

(3) Il était debout, sur ses deux pieds, et couvert d'un léger vêtement; sa claudication n'en était pas moins visible, et n'avait rien de disgracieux. Cic., *de Nat. deor.*, lib. I, c. 30. D'après le passage de Valère Maxime sur le même sujet, il paraît que le vêtement du dieu était ample, mais assez fin pour qu'on pût distinguer les formes recouvertes par ses plis. Val. Max., VIII, 11, extr. 3. Le Vulcain peint par Euphranor ne présentait aucune trace d'irrégularité dans sa démarche. *Dio. Chrysost. Orat.*, 37, p. 466. L'admirable vase de Canino représentant la naissance d'Erichthonius (*Mon. inéd.*, pub. par l'Inst. arch., pl. X) nous offre un Vulcain du plus beau style, appuyé sur son sceptre d'une manière aussi insolite que significative.

(4) *Æneid.*, lib. 2, v. 419.

(5) Sur un vase du musée Blacas, Nérée, avec son nom, est armé d'un trident. Panofka, *Mus. Blac.*, pl. XX. Cf. de Witte, *Cat. étrusque*, p. 116, et *Cat. Durand*, p. 132.

(6) LXIV, 28. De Witte, *Cat. des vases de M. de M.*, p. 47

(7) Homer., *Iliad.*, lib. XVIII, v. 400, seq.

(8) Apollod., lib. I, c. 2, § 1.

(9) De Witte, *Annali*, t. IV, p. 90, et seqq., et pl. 37.

(10) Virg., *Georg.*, lib. IV, v. 380.

De toutes les observations précédentes, nous croyons pouvoir conclure que notre cratère représente Vulcain rappelé à l'Olympe par Jupiter, et prenant congé de Nérée, de Doris, et des néréides, auxquelles il laisse les produits de son art pour prix de leur longue hospitalité.

PLANCHE XXIII.

Nola; Amphore (Cancella).

NEPTUNE.

Neptune tenant de la main droite son trident, de la gauche un dauphin, s'avance d'un air menaçant vers un jeune homme peint au revers, debout, enveloppé dans un ample manteau, et la tête ceinte d'une bandelette relevée sur le front. **KAΛOS MEΛHTOS.**

Il est probable que ce vase aura décoré le tombeau d'un jeune homme mort dans un naufrage. L'attitude hostile de Neptune va se reproduire sur plusieurs autres vases de notre collection, dans la personne de Diane et d'Apollon.

PLANCHE XXIV.

Nola; Amphore (Cancella).

APOLLON.

Apollon, vêtu d'une robe courte et d'une chlamyde, le carquois sur l'épaule, les cheveux flottants et ceints de laurier, s'avance, tenant l'arc d'une main, une flèche de l'autre, contre un éphèbe peint au revers, enveloppé dans son manteau et appuyé sur un bâton. Ce vase dut être déposé dans le tombeau d'un jeune homme mort d'une maladie pestilentielle, comme celle que répandaient les flèches lancées par Apollon dans sa colère. **KAΛOS KAVVIKVES.**

PLANCHE XXV.

Nola; Amphore (Cancella).

DIANE.

Diane, marchant à grands pas, tire de son carquois une flèche pour la décocher contre une jeune fille peinte au revers, debout et la torche à la main. **KAΛOS ΓLAVKON** (le beau Glaucon). Sujet funéraire du même genre que le précédent. Le nom d'homme, Glaucon, inscrit sur ce vase, empêcherait, peut-être, de croire qu'il ait été affecté à la sépulture d'une jeune fille; mais il pourrait, cependant, y avoir été destiné. Nous observerons, à ce sujet, que les inscriptions portant des noms avec les épithètes **KAΛOS** ou **KAΛE**, ont dû être posées après coup, et lorsque le vase acheté du fabricant avait été consacré à un emploi personnel ou spécial. Celui-ci, par exemple, a pu être peint dans

le but qu'indique sa composition, c'est-à-dire, d'être placé avec les restes d'une jeune
fille; la volonté de l'acheteur l'ayant appliqué à celle d'un jeune homme, on y aura dû
inscrire le nom de Glaucon. Les inscriptions en rouge ou en blanc sont généralement,
comme les retouches de ce genre, appliquées avec un fondant et à une température qui
les fixe seulement à la surface du vase, sans les rendre luisantes comme son vernis noir.
Ainsi, une seconde cuisson, beaucoup plus faible que la première, a nécessairement eu
lieu; et, dans l'économie naturelle de pareilles opérations, chaque fois qu'on faisait une
cuisson pour les rouges, blancs et jaunes de retouche, appliqués sur les vases cuits au
grand feu de la fournée précédente, on pouvait en profiter pour fixer sur quelques-uns
les noms désignés par les acheteurs.

PLANCHE XXVI.

Agrigente; Hydrie.

APOLLON, DIKÉ ET IRÉNÉ.

Le vase que nous allons essayer d'expliquer a été possédé originairement, dessiné,
gravé et publié par M. Politi de Girgenti. L'habile artiste sicilien y reconnaissait Apollon
citharède et la Paix, faisant allusion à la dispute d'Apollon avec Mercure, terminée par
l'échange de la cithare contre le caducée. Au revers, M. Politi voyait encore la Paix
tenant deux flambeaux éteints, symbole de la discorde apaisée (1).

M. Panofka trouve toute autre chose dans cette scène. Selon lui, Apollon est ici en
rapport avec Artémis Angelos, sa sœur, qui lui verse à boire. Artémis Angelos, c'est-à-dire,
Diane messagère, doit être d'autant mieux indiquée par le caducée, que c'est l'attribut
ordinaire d'Iris messagère, que le titre d'Angelos appartient aussi à Hécate, et que la fille
de Mercure, Angelia, va rapporter aux morts ce qui se passe chez les vivants. Ainsi, dit
M. Panofka, cette peinture représente une libation d'Artémis Angelos faite à Apollon
Orphée. D'après ce même archéologue, la femme ailée qui, sur l'autre face, court en portant deux flambeaux, est une Cérès éleusinienne allant allumer au mont Etna les flambeaux dont elle se servira pour chercher sa fille par tout l'univers (2).

Avant d'examiner cette question à notre tour, disons que, sur notre vase, les torches
dont est munie la femme ailée, au revers, ont acquis par l'absence de la flamme une im-
portance qui ne fut point, probablement, dans les intentions de l'artiste. Chacun sait
que, le plus souvent, les peintres de vases grecs ont représenté la flamme des torches
par des touches de blanc ou de rouge. L'auteur de notre figure, en lui donnant deux
flambeaux, eut, sans doute, l'intention d'y ajouter la flamme. Pour fixer cette retouche,
une seconde cuisson aurait été nécessaire (3) : elle fut négligée, soit par oubli, soit parce
que le vase fabriqué avec une terre mal préparée, ayant été fort altéré après le premier feu, on ne jugea pas qu'il en méritât une seconde. Les altérations dont nous parlons
et qui sont assez fréquentes sur les vases grecs, sont ainsi produites : l'argile employée à
la fabrication contient quelquefois des fragments calcaires. Lorsqu'ils ne sont pas séparés
avec soin, ils restent engagés dans la pâte ou broyés avec elle. Dans le premier cas, et
c'est celui de notre vase, les grains calcaires cuisent dans la terre et passent à l'état de

---

(1) *Illustrazione di un vaso fitt.* Palermo, 1828.
(2) *Annal. dell' Instit.*, t. V, p. 173, seq.
(3) Voir à ce sujet ce que nous avons dit plus haut.

chaux vive. Après la cuisson, la moindre humidité, s'infiltrant à l'intérieur, est absorbée par ces grains de chaux vive, qui se gonflent, se dilatent et font éclater le vernis. Aussi, au fond de chaque cavité produite par cette explosion partielle, on aperçoit un point blanc qui en atteste la cause.

Si la chaux est incorporée à la pâte par un mélange exact, après la cuisson, le vase commence à feuilleter et à se désagréger sous l'influence de l'humidité. Les terres cuites de cette espèce sont d'une très-courte durée.

Cette digression nous a paru nécessaire pour expliquer comment l'état de notre vase, après la première cuisson, a pu empêcher d'y faire les retouches ordinaires. Il en résulterait que les torches portées par la figure ailée ne seraient ni éteintes ni prêtes à s'allumer, comme l'ont supposé tour à tour MM. Politi et Panofka, mais simplement des flambeaux où l'on aurait omis d'indiquer les flammes.

Il nous est d'ailleurs difficile de voir dans la figure du revers une Cérès éleusinienne, puisqu'elle n'a, excepté les torches, aucun attribut de cette déesse, et que les ailes ne sont pas celui de Cérès. C'est encore moins la Paix victorieuse, comme l'observe M. Panofka : l'allégorie toute moderne des flambeaux de la Discorde éteints par la Paix, n'est nullement dans l'esprit de l'antiquité.

Cependant, nous partagerons l'opinion de l'archéologue sicilien, lorsqu'il reconnaît la Paix, Iréné, dans la femme ailée, offrant une libation à Apollon. En effet, cette figure offre tous les caractères des trois sœurs Iréné, Diké, Eunomia. Elle porte le caducée, comme la Paix, sur la médaille bien connue des Locriens Épizéphyriens (1), des ailes comme Niké, munie du caducée sur des médailles de Térina (2), et sur une belle monnaie de la Cilicie (3). Souvenons-nous aussi qu'Eunomia, l'une des trois Heures, était honorée à Gélas, près d'Agrigente, comme l'atteste une rare médaille, publiée par M. Millingen, et nous ne serons pas surpris de voir Iréné, si souvent en compagnie de Bacchus, associée, sur notre vase, à l'Apollon *Nomius*, suivi du chevreuil qui le caractérise.

Au revers, la figure ailée et armée de torches nous paraît être le complément de la pensée exprimée sur la face principale. Ce doit être Diké, la Justice, divinité ailée (4), qui avait donné son nom à l'ancienne Pouzzoles ou Dicæarchia. Cette fille de Jupiter est ministre des vengeances divines. *Aesa*, le Destin, a forgé une épée dont la Justice doit percer le sein des coupables (5); sur le coffre de Cypsélus, elle s'arme d'un bâton pour frapper l'Injustice; sur le beau canthare du musée Pourtalès, elle est voilée, assise sur un trône, et juge Oreste, amené devant elle; toujours le châtiment entre, à sa suite, dans la demeure du criminel. A ce titre, elle s'associe aux Parques et aux Érinnyes (6); comme ces dernières, elle doit porter les torches menaçantes pour le parricide, le sacrilége et le meurtrier.

Ainsi, les peintures de notre vase représentent, selon nous, les deux sœurs, Iréné et Diké, en compagnie d'Apollon *Nomius* (7), qui remplace, ici, la troisième des Heures,

---

(1) Sur cette médaille, la Paix, avec son nom, ΕΙΡΗΝΗ, est assise sur une base, mais n'est pas ailée comme l'affirmait Cuper. Elle porte des ailes sur les médailles de Claude.

(2) On ne peut douter que la figure que représentent les revers des médailles de Térina ne soit la Victoire, puisque nous la trouvons une fois avec son nom, sur un didrachme paléographique de cette ville. Mais elle y est sans ailes. Toutes les autres monnaies de Térina, excepté une, ont la figure ailée, debout ou assise.

(3) Cette figure est agenouillée; elle tient d'une main un caducée, de l'autre une couronne. Au revers on voit la lettre Δ, une pyramide et deux grappes de raisin. Iréné porte une torche et le kéras, sur un vase publié par M. Gerhard, *Ant. Bildw.*, pl. 17, où elle joue le rôle d'une ménade dans le cortége de Bacchus.

(4) Mesomed. ap. Brunck., *Analect.* II, p. 293. Cf. Voss. *Myth. Br.*, t. II, br. 42.

(5) Æschyl., *Choeph.*, v. 947.

(6) Id., *Eumenid.*, v. 487.

(7) Les monnaies de Sélinonte et de Panorme montrent que Mercure *Nomius* y était aussi honoré d'un culte particulier.

Eunomia, et le montrent comme dieu de la paix champêtre, de l'harmonie musicale, et conducteur de colonies, vénéré sous la dénomination d'Archégète, surtout par les Grecs de la Sicile.

PLANCHE XXVII.

Nola; Coupe.

APOLLON ET MERCURE. HERSÉ ET CÉCROPS. BACCHANTE.

Apollon, jeune et avec de longs cheveux ondoyants, nu et la chlamyde sur le bras, dispute à Mercure, barbu et nu, portant une chlamyde, l'invention de la lyre que ce dieu s'efforce de lui arracher. Pausanias vit sur le mont Hélicon deux statues de bronze, ouvrage de Lysippe, et qui représentaient le même sujet (1).

Revers. Vulcain barbu, couvert d'une robe et d'un manteau, est appuyé sur un bâton pour exprimer qu'il est boiteux. Il manifeste sa passion à Minerve, qui s'éloigne et le repousse (2).

C'est ainsi que M. Panofka explique la coupe dont nous avons à nous occuper.

M. de Brœndsted y voit un sujet purement delphique. Selon lui, Hercule, malade et meurtrier, se présente à la Pythie, qui refuse de lui prédire l'avenir. Au revers, il reconnaît le même Hercule, s'efforçant d'arracher la lyre des mains d'Apollon. La figure du fond de la coupe est une ménade, et se rapporte à la destination du vase; d'ailleurs, Bacchus et ses compagnons se rattachent aux rites delphiques (3).

Chacune de ces opinions présente des probabilités et des difficultés fort graves. Si l'on examine celle émise par M. Panofka, il est certain que la dispute de Mercure avec Apollon, pour la possession de la lyre, avait été chantée par les poëtes, et reproduite par des artistes. Rien ne s'oppose à ce qu'on accepte cette partie de son explication. Mercure est, à la vérité, sans aucun attribut; mais sa barbe pointue, sa chlamyde, et surtout le combat de cette figure avec un Apollon qui tient la lyre, ne peuvent laisser de doute sur le sujet de la scène. Quant à celle de l'autre face, où le même archéologue trouve la lutte passionnée de Vulcain avec Minerve, il nous semble que dans le mouvement de ces deux figures il y a une gravité et même une tristesse qui ne répondent en rien à une action éminemment ardente et impétueuse. Rien non plus ne désigne clairement Vulcain ni Minerve, et sous ce rapport la conjecture de M. de Brœndsted n'est pas mieux appuyée. Celle que le même savant a formée sur les deux figures qui se disputent la lyre n'est pas soutenue par un texte qui nous oblige de l'adopter, surtout quand la structure de l'adversaire d'Apollon ne rappelle en aucune façon la force indomptable du fils d'Alcmène. Par ces motifs, le seul des deux sujets qui soit, à nos yeux, clairement exprimé, sur notre coupe, est la dispute entre Apollon et Mercure au sujet de la lyre.

La belle exécution de ce vase, l'un des plus fins qui soient sortis de Nola, ne permet guère de douter que ses deux faces peintes ne se trouvent en rapport; mais comment le fixer, si les deux personnages du revers n'offrent ni attribut, ni symbole qui puisse nous éclairer, et si l'attitude de l'homme barbu, ses longs cheveux, ses vêtements, son

---

(1) *Annali dell' Instit.*, t. II, p. 185, seq.
(2) *Annali*, t. I, p. 290.
(3) Brœndsted, *Voyag. et rech. dans la Grèce*, t. II, p. 299.

sceptre, ne le distinguent pas d'une nombreuse série de figures représentant quelques dieux, des rois et des vieillards? Aucune particularité ne se montre dans le costume de la femme. Sa coiffure qui, sur les vases, est assez fréquemment celle de Minerve(1), ne l'est pas exclusivement, comme le prouve celle d'une néréide sur notre cratère d'Agrigente. Le geste seul de cette femme a quelque chose de remarquable. S'adressant d'un air douloureux à l'homme debout, qui l'écoute attentivement, elle s'éloigne sans qu'il paraisse songer à la retenir. L'aplomb même de ce dernier sur sa jambe la plus reculée annonce la station la plus positive, et nous insistons sur cette analyse des deux figures, parce que leur excellente exécution ne peut permettre d'erreur sous le rapport de l'intention du peintre.

Nous arrivons ainsi à reconnaître dans l'homme debout un vieillard ou un roi, écoutant avec attention et gravité les paroles que lui adresse une femme jeune, coiffée comme l'est souvent Minerve, et paraissant prête à le quitter, en se livrant à une profonde douleur.

D'un autre côté, nous avons dit que les deux compositions de notre vase devaient être en rapport. La face connue offre pour personnages Apollon et Mercure.

La seconde face nous paraît représenter Cécrops avec sa fille Hersé, maîtresse de Mercure, à l'instant où celle-ci est saisie du vertige qui la porte à se précipiter, pour avoir osé enfreindre les ordres de Minerve, protectrice de sa famille(2).

La légende ordinaire ΗΟΓΑΙΣ ΚΑΝΟΣ, ΚΑΝΟΣ ΗΟΓΑΙΣ est plusieurs fois répétée à l'extérieur.

À l'intérieur est une ménade, peut-être Érigone, armée du thyrse. Selon l'opinion de M. de Brœndsted, elle fait allusion à l'usage du vase.

PLANCHE XXVIII.

Agrigente; Hydrie à trois anses.

BACCHUS CONFIÉ PAR JUPITER AUX HYADES.

Jupiter, ΙΕΥΣ, porte de la main droite son sceptre, de la gauche, le jeune Bacchus, nouveau-né, ΔΙΟΝΣΟΣ (rétrograde), vêtu d'une longue robe, d'un manteau, couronné de lierre et tenant une branche de lierre. Les Hyades, ΥΑΔΕΣ, reçoivent le jeune dieu. Elles sont au nombre de deux. L'une, la tête ceinte d'un diadème, et assise sur un siége pliant au pied d'une colonne ionique, tient de la main gauche une branche de lierre, et étend la droite, que touche Bacchus; la seconde Hyade, debout, couronnée de lierre, et appuyée sur un sceptre, assiste à la scène et la contemple avec intérêt.

Ce vase a été savamment expliqué par M. de Witte. Cet archéologue a réuni dans son mémoire tous les passages relatifs à la naissance de Bacchus et à son éducation par les Hyades. Il a aussi rappelé un vase du prince de Canino, maintenant dans le

(1) Cf. un vase du musée Blacas, jugement de Pâris, Gerbard, *Ant. Bildw.*, pl. XXXII, et la naissance d'Erichthonius, *Annali*, *Mon. ined.*, pl. X.

(2) Pausan., lib. I, c. 18, § 2.

Un vase de Nola, dans la collection de l'ancien évêque de cette ville, porte, d'un côté, Apollon et Minerve, de l'autre, Mercure et Neptune, avec leurs attributs. Panofka, *Annali*, t. I, p. 191. Ce serait, comme sur notre coupe, la réunion des mythes arcadiens, delphiques et attiques. Une des métopes du Parthénon, maintenant détruite, représentait Agraulos et Hersé courant se précipiter. Sur une amphore de Canino paraît toute la famille de Cécrops, assistant à l'enlèvement d'Orithyie. De Witte, *Cat. étr.*, p. 57.

cabinet de M. Dupré, qui, avec un tout autre style, offre une répétition presque exacte de notre vase. Les différences principales consistent en ce que, sur le vase grec de Vulci, le jeune dieu est nu, et l'Hyade debout est voisine de Jupiter, tandis que la plus éloignée reste assise sous un portique d'ordre ionique (1).

PLANCHES XXIX.

Nola; Œinochoé à large ouverture.

Bacchus et Ariadne.

Ce vase, d'un dessin qui atteste manifestement la fabrique de Nola, a été trouvé à Vulci. Il représente Bacchus, vêtu d'une tunique courte et plissée, recouverte d'une nébride; le dieu, couronné de lierre, armé du thyrse, et portant le canthare, s'approche en chancelant d'Ariadne, qui marche devant lui en se retournant. Auprès d'Ariadne est Vénus, qui va lui offrir la couronne fabriquée pour elle par Vulcain; derrière Bacchus vole l'Amour, en tenant la bandelette, symbole de victoire.

Une composition toute pareille, gravée dans le *Recueil d'Inghirami*, pl. 94, représente Neptune et Amymone en présence de Vénus et de l'Amour. Le sujet de notre vase se reproduit sur un vase du musée Blacas. On y voit Bacchus barbu, vêtu d'une longue robe, et arrêtant Ariadne, qui se retourne vers lui; Vénus debout, rattachant sa tunique, assiste à cette scène avec l'Amour, qui prépare une bandelette; derrière Bacchus, un satyre joue de la flûte (2).

PLANCHES XXX, XXXI.

Apulie; Scyphus de grande dimension.

La Paix, Ariadne et quatre Satyres.

M. de Witte a, le premier, décrit ce vase comme venant de Pouille et représentant Iris ou Niké entre deux satyres. « La déesse, dit-il, est ailée; elle relève des deux mains « sa tunique finement plissée; que recouvre un péplus; ses regards sont tournés à gauche « vers un des deux satyres, qui font des gestes d'admiration. Tous les deux sont cou- « ronnés de pampre. Près du satyre à droite est une branche de lierre (3) HO ΓΑΙΣ ΚΑΝΟΣ. « *Revers*. Une ménade entre deux satyres.... Celui de gauche étend les bras en signe « d'admiration; derrière lui est une branche de lierre. Le second satyre regarde atten- « tivement un canthare qu'il tient des deux mains. HO ΓΑΙΣ ΚΑΝΟΣ. HO ΓΑΙΣ ΚΑΝΟΣ « HO ΓΑΙΣ ΚΑΝΟΣ. Dans l'intérieur du vase circule une belle guirlande de lierre (4). »

Nous ajouterons que sur la face gravée pl. 30, le satyre de droite est visiblement infibulé, qu'il porte un lien au bras gauche, et qu'il y a, de plus, deux bras gauches, particularité qui se représente souvent sur les vases où nous n'avons jamais vu deux

(1) De Witte, *Nouv. Ann.*, t. I, p. 357, seq.
(2) Panofka, *Mus. Blac.*, pl. 21.
(3) Nous n'avons pas fait graver cette branche de lierre, ni celle de l'autre face, parce qu'elles sont couvertes de restaurations qui cachent complétement la peinture antique.
(4) *Cat. du cabinet de M. de Magnoncour*, p. 121

mains droites (1). Au revers, la bacchante est accompagnée de deux satyres, et celui de gauche est aussi infibulé.

En ce qui concerne le sujet de notre vase, on ne peut se dissimuler que l'explication proposée par M. de Witte laisse un vaste champ ouvert à d'autres conjectures. Elles se trouvent heureusement limitées par la comparaison d'un second vase publié par M. Gerhard (2) et cité par M. de Witte lui-même. Ce vase est un scyphus comme le nôtre : son travail paraît être apulien. Sur une face, on voit une femme ailée tenant d'une main le caducée, de l'autre une grande corne de bouc, de l'espèce de celles dont on faisait les arcs. Elle marche de gauche à droite, et se retourne avec fierté vers un satyre, qui, élevant sa main droite et abaissant la gauche, fait un signe visiblement érotique. Un autre satyre saisit la femme par le bras gauche : il est ithyphallique, et son geste est encore plus ardent que celui de son compagnon. Au revers paraît, appuyé sur son thyrse, Bacchus couronné de lierre, barbu, vêtu d'une robe et debout entre deux satyres : l'un d'eux tient une outre et un canthare; l'autre danse et laisse échapper son thyrse.

Certes, rarement deux compositions ont offert plus de similitude : de chaque côté une femme ailée entre deux satyres ; sur chaque revers deux autres satyres; sur un des scyphus Bacchus, sur l'autre Ariadne: différence qui est seulement apparente, puisque Ariadne est l'épouse ou la personnification féminine de Bacchus. Plus explicite que le nôtre, le vase de M. Gerhard nous apprend que notre figure ailée est quelquefois munie du caducée; nous la voyons aussi porter à la main un symbole nouveau, la corne de chèvre ou de bouc, qui semble fraîchement arrachée du front de la victime.

Or, nous avons exposé, pages 13, 14, que les figures de femme ailée et portant le caducée étaient le plus souvent celles d'Iris ou de la Paix, Iréné. Nous avons cité un vase où cette dernière est associée à Bacchus, et paraît dans son cortége avec l'Automne, Opora. On la voit aussi jouer le rôle de l'épouse ou de la maîtresse chérie de Bacchus, sur un vase appartenant actuellement à M. Raoul Rochette, et publié par M. Jahn (*Vasenbilder*, pl. II). La femme ailée sur les deux scyphus qui font l'objet de notre étude, est ici la compagne de Bacchus, là celle d'Ariadne; les deux vases nous la montrent comme sollicitée avec pétulance par deux satyres; ils semblent prendre à elle un intérêt si vif, que le rôle de Bacchus et celui d'Ariadne deviennent presque secondaires; chose toute naturelle, si cette femme ailée est, comme nous le pensons, Iréné, dont les faveurs permettent de se livrer à la récolte des raisins et aux fêtes bruyantes des bacchanales. Quant à la corne que, sur le vase de M. Gerhard, Iréné tient à la main, elle peut avoir différentes significations, soit qu'on y trouve la corne à boire que portent Silène, Bacchus, les faunes et les ménades, soit que l'on y reconnaisse un emblème de l'origine de la tragédie, puisque le bouc était, aux bacchanales, le prix du vainqueur dramatique; soit que l'on y découvre une allusion à Bacchus, appelé par les Grecs Ægobolús à Potnia de Béotie, et Mélanægis à Eleutheræ.

Nous concluons de toutes ces observations, que les deux scyphus ont été peints pour exprimer la même pensée, celle qui inspirait au génie d'Aristophane sa comédie de la Paix, où Theoria, Opora et Iréné, longtemps emprisonnées par le génie de la Guerre, Polemos, sont délivrées par Trygée, au commencement des fêtes dionysiaques (3).

---

(1) Un vase de l'ancienne collection Durand (de Witte, *Cat.*, p. 42) offre plusieurs échanges de la même nature. Ainsi, un combattant lançant une grosse pierre, a la main droite substituée à la gauche, et réciproquement; un guerrier tombant tient une pierre de la main gauche adaptée au bras droit; sa jambe droite porte un pied gauche.

(2) *Antike Bildwerke*, pl. 48. M. Gerhard n'en a pas encore fait paraître l'explication; il annonce seulement la figure principale, comme représentant Télété.

(3) M. Gerhard a publié dans le *Rapp. Volcent.*, nos 274, 275, un vase représentant une femme ailée, portant dans ses bras un enfant enveloppé de langes. Il nomme ce groupe Télété, portant le jeune Dionysus. A notre sens, ce doit être plutôt Iréné, portant le jeune Plutus, comme la décrit Pausanias, I, 8, 3.

PLANCHE XXXII.

Nola; Vase couvert et aplati. Guttus?

SATYRE ET BACCHANTE.

Un satyre portant d'une main la corne à boire, de l'autre une outre rejetée sur son dos, s'approche en rampant d'une femme couchée, qui se réveille surprise à son approche.

PLANCHES XXXIII, XXXIV.

Vulci; Cylix.

BACCHUS RAMÈNE VULCAIN A L'OLYMPE. — PÉLÉE ET THÉTIS.

Pl. XXXIII. — EXTÉRIEUR DE LA COUPE.

Bacchus, suivi d'un nombreux cortége de satyres et de ménades, ramène à l'Olympe Vulcain, qui porte des barreaux de fer avec un marteau et traîne son soufflet de forge. Le dieu de Lemnos a l'attitude incertaine d'un boiteux qui marche avec peine. Il est coiffé d'un pileus hémisphérique. Son vêtement consiste en une tunique courte et sans manches, soutenue par une ceinture, comme sur notre cratère d'Agrigente. Par-dessus cette tunique est attachée une ample chlamyde. Bacchus porte sa longue robe et son ample manteau ; de la main gauche il tient une branche de vigne, de la droite il conduit Vulcain, vers lequel il se retourne. Devant les dieux marchent un satyre jouant de la flûte, et un second chargé d'une outre. Derrière Vulcain viennent deux autres satyres, dont l'un porte un cratère. Au revers, quatre satyres barbus, comme les précédents, poursuivent avec des cris et des gestes comiques deux bacchantes, qui les repoussent faiblement. Un des satyres s'élance en dansant vers la femme la plus éloignée, et s'apprête à la saisir.

Cette face est la plus habilement exécutée. Les mouvements y sont exprimés avec feu, élégance et justesse. Le croisement des figures et la différence des plans sont bien sentis. Le Vulcain de l'autre côté est remarquable, tant par les instruments qu'il porte à la main, que par les détails de son soufflet, composé d'une peau velue avec une longue tuyère. Cet appareil soufflait de lui-même, selon Homère (*Iliad.*, XVIII, v. 470). La tète de Vulcain et celle de Bacchus sont en partie restaurées.

Pl. XXXIV.

Le fond de notre coupe représente Pélée, ΓELEVΣ, saisissant Thétis, ΘETIΣ, malgré sa métamorphose en lionne, qui mord l'épaule du héros. Un autel, peut-être celui de Protée, brûle auprès de Thétis.

La fable du retour de Vulcain à l'Olympe, et celle de l'enlèvement de Thétis par Pélée, ont été si souvent retracées par les peintres de vases, que nous n'avons pas besoin de don-

ner plus de détails sur celui-ci, décrit par M. de Witte (Cat. Durand, p. 133). Son principal mérite est dans le talent du peintre, qui n'a pas signé ce beau travail, où l'on croit
reconnaître le pinceau d'Hiéron.

PLANCHE XXXV.

Nola; Amphore (Cancella).

MINERVE ÉCRIVANT SUR DES TABLETTES ET INSTRUISANT PALAMÈDE.

Une amphore de Vulci, décrite par M. Gerhard, et peinte dans un style tout différent
de celles de l'Étrurie, représente, sur une de ses faces, la même Minerve que la nôtre,
et, sur l'autre face, un jeune homme lançant le disque. C'est avec une grande sagacité que
M. Gerhard a déterminé la véritable patrie de cet objet d'art trouvé dans les fouilles de
Vulci. Le même savant, cherchant à fixer le sujet du vase qu'il attribuait si heureusement
à Nola, en jugea la figure principale relative à l'éducation littéraire de l'éphèbe lançant
le disque au revers (1).

M. Lenormant, de son côté, à l'inspection de notre amphore, y reconnaissait Minerve en-
seignant à Palamède l'art de tracer les lettres dont il enrichit l'alphabet grec. Cette ingé-
nieuse conjecture est complétement justifiée par le revers du vase de Vulci, puisque le jeu
du disque fut aussi une des inventions de Palamède. Auprès de Minerve, on lit sur le nôtre :
HO ΓΑΙΣ ΚΑΥΟΣ.

PLANCHE XXXVI.

Nola; Amphore (Cancella).

ÉPHÈBE VAINQUEUR A LA COURSE DE CHEVAUX.

La Victoire, tenant une bandelette, s'avance vers un éphèbe à cheval, peint sur l'autre
côté du vase. Le jeune homme est couronné de fleurs. Il paraît âgé d'environ quinze ans,
si l'on en juge par sa taille en proportion de sa monture, et par les traits de son visage.
Les médailles de Tarente nous offrent de fréquents exemples de coureurs de l'hippodrome
à peine sortis de l'enfance. On observera la bride du cheval, qui n'a pas de sous-gorge et
dont la têtière passe en avant de l'oreille. Ce doit être une double faute de l'artiste; car
une pareille bride ne pouvait pas offrir de résistance à l'action du mors, quelque faible
qu'elle pût être.

Derrière l'éphèbe, on lit en caractères très-négligemment tracés : ΚΑΥΟΣ ΗΟΓ ⟩... La
Victoire est d'une belle exécution, d'un mouvement noble et grandiose. Elle porte un collier
et à chaque bras un serpent de métal lui sert du bracelet. Sa coiffure, qui paraît être
particulière à cette divinité, se retrouve sur les médailles d'argent et de bronze des Brut-
tiens, où la tête de la Victoire est accompagnée de son nom. Inscription : ΚΑΥΕ ΗΕΑΙΣ (sic),
rétrograde.

Nous n'affirmons pas que ce vase soit funéraire, parce qu'un autre presque pareil, publié
par Inghirami (*Vasi fittili*, pl. 274), représente la Victoire offrant une amphore à un
éphèbe à cheval. Il y aurait donc lieu de penser que celle-ci pouvait être destinée à un pré-

____

(1) Gerhard, *Annali dell' Inst. di corr. Arch.*, t. III, p. 230, 231, et pl. XXVI, n° 6.

sent semblable. Cependant, comme sur la planche d'Inghirami on voit, derrière le cava-
lier, une stèle sur laquelle est placée une seconde amphore, cette disposition rappelle, à
son tour, les monuments funéraires. La stèle pourrait aussi être la *meta* de l'hippodrome,
souvent exprimée par une colonne, soit sur les vases, soit sur les médailles; la *meta* elle-même
n'étant ordinairement qu'un monument sépulcral, soit du fondateur des jeux, soit de celui
en honneur de qui ils étaient ordonnés, soit de quelque héros dont la mort avait illustré
l'hippodrome (1). Ainsi, malgré la forme euphémique de notre vase et de celui d'Inghirami, on pourrait encore y soupçonner un sens funèbre. C'est le plus souvent celui qu'offrent les amphores de Nola. Dans cette hypothèse, notre éphèbe aurait péri dans les
courses de chevaux et serait supposé avoir été ravi par la Victoire.

PLANCHE XXXVII.

Nola. Amphore (Cancella).

La Victoire et deux Éphèbes.

Un jeune homme, enveloppé dans son manteau et appuyé sur un long bâton, vient de
déposer sa couronne sur l'autel de la Victoire. Celle-ci, sa protectrice naturelle, puisqu'il
se nomme Nikon, lui offre une longue bandelette. Légende : **NIKON KAVOΣ**. Au revers,
un adolescent apporte au vainqueur une caille enfermée dans sa cage; on sait que les
cailles étaient des présents agréables aux éphèbes, et qu'un de ces oiseaux s'envola des
vêtements d'Alcibiade tandis qu'il haranguait les Athéniens (2).

PLANCHES XXXVIII et XXXIX.

Nola; Amphores (Cancelle).

Jeunes poètes enlevés par des harpyies.

Les vases de Nola montrent souvent sur leur face principale un jeune homme tenant
une lyre, et poursuivi par une femme ailée devant laquelle il fuit avec horreur. On a beaucoup varié sur l'explication de ces sujets. La plus simple et la plus vraisemblable à notre
sens, est d'y voir une Harpyie s'apprêtant à enlever un jeune homme. Ainsi les représentent
Homère et Hésiode; ils leur attribuent la fonction de ravir prématurément et d'une manière inopinée les hommes et les femmes (3). C'est aussi sous la forme de femmes ailées
que les Harpyies paraissent auprès de Phinée, sur un vase grec publié par MM. Millingen
et de Stackelberg. Iris était la sœur des Harpyies, et, comme celles-ci, était belle et ailée.
Arcé, leur autre sœur, fut précipitée dans le Tartare pour avoir secondé les géants durant leur révolte contre Jupiter. D'autres divinités ailées remplissent fréquemment les
mêmes fonctions; tantôt c'est l'Aurore ou la Victoire qui enlève les éphèbes, tantôt c'est

(1) Cf. Pausan. VI, 20; 8, 9; X, 37; 4.
(2) Plutarch., Πολ. πραγ.
(3) Homer., *Odyss.*, lib. I, v. 241; lib. XIV, v. 341; lib. XX, v. 62. Hesiod., *Theog.*, v. 260. Cf. Voss.
Mythol. Briefe, br. XXXI.

Iris elle-même qui coupe le cheveu fatal auquel est attachée la vie des femmes (1). Sur nos deux amphores, l'un des jeunes poëtes est appelé **XAPMIΔES KAVOS**, et son compagnon le voit ravir sous ses yeux ; l'autre se nomme **OIONOKVES KAVOS**, et un pædotribe assiste à son enlèvement.

<hr>

PLANCHE XL.

Nola; Amphore (Cancella).

TÉRÉE ET PROCNÉ.

« Un grand nombre de peintures de vases représentent des femmes fuyant devant des « hommes plus ou moins avancés en âge, dont elles semblent vouloir éviter la poursuite. « De semblables sujets, qui ne sont caractérisés par aucun attribut, ont été rapportés « tantôt à Alcméon ou Oreste, qui vengent la mort de leurs pères, tantôt à Ménélas, « menaçant Hélène, à Jason et à Médée, à Cercyon et Alopé, à Oreste et Hermione, « à Pâris et OEnone, même à Procris s'éloignant de Céphale, et, en dernier lieu, à Pélée « ravissant Thétis. En l'absence de symboles ou d'inscriptions, on sera toujours embar-« rassé dans le choix des mythes auxquels se prêtent ces scènes si peu variées, dans les-« quelles intervient souvent un vieillard, un père qui console et rassure sa fille, et qui, « par conséquent, peut recevoir tel nom qu'on voudra, selon le sujet qu'on désire voir « dans des peintures d'un sens aussi général (2). »

L'opinion de M. de Witte, que nous venons de citer, s'applique à notre amphore gravée pl. XL. On y voit une femme à longs cheveux flottants ceints d'un bandeau. Elle est vêtue d'une longue robe et d'un péplus, et fuit devant un homme qui, nu, portant une chlamyde et un chapeau thessalien, la poursuit à coups de pierres. De la main gauche, il tient une espèce de lance courte à fer très-étroit. Cet homme, par son costume, rappelle les médailles de Gétas, roi des Édones, peuples de la Thrace ; on y voit un homme imberbe, coiffé du chapeau, portant la chlamyde pour tout vêtement, et tenant à la main l'aiguillon, βουπλὴξ, avec lequel il conduit deux bœufs attelés.

Le personnage principal de notre vase nous paraît être Térée, roi de Thrace, poursuivant Procné, qui fuit, après lui avoir servi dans un festin les membres de leur fils Itys. Il est vrai que, selon le récit d'Apollodore, ce fut une hache que saisit Térée pour se venger de Procné ; mais la hache était une arme thrace tout aussi bien que l'aiguillon, puisque l'une ou l'autre sont placés indifféremment dans les mains de Lycurgue, roi du même pays, lorsqu'il attaque les compagnons de Bacchus (3).

La fable de Térée, Philomèle et Procné, étant attique, il n'est pas surprenant de la trouver sur un vase de Nola, fondée, disait-on, par les Athéniens. On la connaît déjà sur un cratère de Ruvo, où paraissent Térée et Philomèle avec des inscriptions portant leurs noms (4).

(1) Virg., *Æneid.*, lib. IV, ad calc.
(2) De Witte, *Annali dell' Inst. di corr. Arch.*, t. IV, p. 103.
(3) Eustath. ad *Iliad.*, p. 629, l. 51.
(4) *Bullettin. dell' Instit. di corr. arch.*, 1834, p. 165.

PLANCHE XLI.

Nola; Amphore (Cancella).

AMYMONE ET DANAÜS.

A l'arrivée de Danaüs en Argolide, le pays était désolé par la séchcresse dont l'avait frappé Neptune, irrité contre Inachus. Danaüs envoya ses filles à la recherche de sources d'eau douce. Amymone, en exécutant les ordres de son père, faillit être enlevée par un satyre qui la surprit pendant son sommeil, ou qu'elle réveilla en le frappant d'un trait dirigé contre une biche. Neptune paraissant tout à coup, chassa le sauvage ravisseur, obtint les faveurs d'Amymone, et, pour récompense, lui indiqua la source de Lerne, ou bien fit jaillir une triple fontaine du rocher atteint de son trident lorsqu'il en menaçait le satyre (1). Cette fable paraît indiquer l'explication de notre vase; il représente, selon nous, Amymone, encore épouvantée, venant, en présence d'une de ses sœurs, raconter à son père l'apparition du dieu et la découverte de la source de Lerne. Les inscriptions sont illisibles. L'hydrie à trois anses est l'attribut ordinaire d'Amymone; on l'observe sur les vases publiés par plusieurs archéologues (2); elle se retrouvait aussi dans un tableau décrit par Philostrate, qui la nomme Calpis d'or, ἡ κάλπις ἡ χρυσῆ (3).

PLANCHE XLII.

Vulci; Fragment de Cylix.

SCÈNE DE LA PRISE DE TROIE.

Ce fragment appartient à une coupe qui représentait la prise de Troie. Un petit morceau, qui ne se rattache pas immédiatement à celui-ci, montre Priam arraché du pied de l'autel par Pyrrhus. Ici, nous voyons Ménélas qui saisit Hélène et la menace de son épée, tandis qu'un autre guerrier arrête dans sa fuite une des filles de Priam. Les sujets de la prise de Troie sont encore rares sur les vases : Millin en a publié un (Gal. Mythol., pl. CLI, n. 612), qui passe pour une habile contrefaçon de l'antique; il représente le même sujet que notre fragment.

(1) Hygin, *Fab.* 169. Pausan. II, 37, 1; 38, 2. Orph., *Arg.*, v. 200. Lucian., *Dialog. Marin.* 6.
(2) Hirt et Böttiger, *Amalthea*, p. 297, seq. Millin., *Peint. de v. ant.*, t. II, pl. XX. Otto Jahn, *Vasenbilder.*
(3) Icon. 8.

PLANCHE XLIII.

Du Voisinage de Tarente; Fragment de cratère.

THÉSÉE ET PHALERUS COMBATTANT ANTIOPE.

Environ la moitié d'un beau cratère, avec quelques débris de la partie postérieure, furent trouvés dans le pays de Tarente, d'où les rapporta M. Millingen. Ce fragment est décoré d'un des sujets le plus souvent traités par les artistes contemporains de Phidias. On y voit Thésée, dont le nom n'a laissé qu'une seule lettre intacte, combattant l'amazone Antiope ....ΙΟΠ.Α, et assisté de Phalerus, ΦΑΙΕ.ΟΣ. On sait que Phalerus donna son nom à l'un des ports d'Athènes, où un autel lui était consacré; c'est la première fois que nous le voyons, sur un monument, prendre part aux travaux militaires de Thésée. Notre fragment est remarquable pour la noblesse et la facilité, en même temps que pour l'élégance de son trait. Malgré l'incorrection des deux bras gauches des guerriers, qui ne pourraient tenir dans la concavité de leurs boucliers, les héros sont d'un beau dessin. Leurs jambes sont restaurées, comme l'indique le trait plus léger.

L'amazone et son cheval ont un mouvement naturel et gracieux; l'armure d'Antiope et sa coiffure méritent aussi d'être observées pour leurs détails. L'ensemble de la composition a beaucoup de rapport avec le célèbre vase du Musée Pourtalès, représentant le même sujet; seulement on y voit deux amazones et un seul guerrier grec.

PLANCHE XLIV.

Vulci; Moitié de Cylix.

COMBAT D'HERCULE CONTRE LES AMAZONES.

Voici encore un fragment de vase relatif aux amazones. Hercule, ΗΡΑΚΙΕΕΣ, attaque les guerrières l'épée à la main. Il en a déjà terrassé une, qui, tombée à ses pieds, essaye encore de se couvrir avec son bouclier, orné d'une tête de taureau. Le héros la saisit et va la frapper du coup mortel. Une autre amazone, casquée et vêtue d'une peau de panthère, s'élance pour défendre sa compagne vaincue; elle brandit une lance, en opposant à Hercule son bouclier, orné d'un centaure qui agite un arbre déraciné. Après elle, vient une autre amazone, qui décoche une flèche contre Hercule. Derrière celui-ci, un autre héros, probablement Thésée ou Iolas, perce de son épée l'amazone Xantippe, ΚΣΑΝΤΙΠΠΕ, dont les cheveux blonds sont rendus par une teinte légère et rougeâtre. L'héroïne succombe en se défendant vaillamment. Son costume et son armure sont ceux des hoplites grecs. Entre elle et son adversaire, on lit : ΚΑΥΟΣ. Thésée a deux mains gauches, comme nous l'avons déjà remarqué pour l'Hercule de notre casque de Vulci, et sur le vase gravé pl. XXX, XXXI. Les restaurations sont indiquées par un trait léger. A l'intérieur de cette grande coupe, on aperçoit la tête et les extrémités d'un jeune guerrier mettant ses cnémides. Le pied qui existe encore presque entier, porte tout autour cette légende : Σ ⋮ ΚΙΕΟΦΡΑΔΕΣ ⋮ ΕΠΟΙΕΣΕΝ ⋮ ΑΜΑΣ..... Le dernier mot est mutilé par une lacune. Un savant archéologue a proposé de lire ΑΜΑΣΤΡΑΤΙΝΟΣ, opinion que semble confirmer l'intervalle de sept ou huit lettres, laissé par un fragment perdu, entre les lettres AMAΣ et le Σ isolé précédant le premier mot. Il en résulterait que ce vase, trouvé en Étrurie, aurait été fabriqué par un artiste sicilien, fait dont on a déjà un exemple dans les vases signés de Nicostratus, qui se trouvent à la fois en Sicile et à Vulci.

PLANCHE XLV.

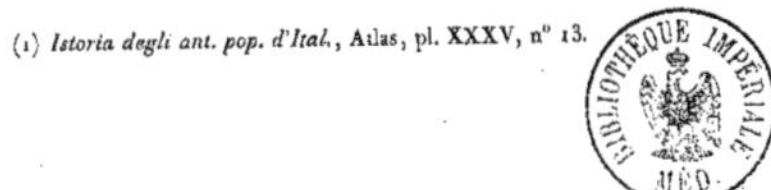

Vulci; Fond de Cylix.

ÉPHÈBE COURONNÉ.

Ce beau fragment appartient à une coupe dont les compositions extérieures, complétement mutilées, laissent entrevoir les vestiges d'exercices gymnastiques. Ici l'éphèbe vainqueur vient rapporter ses couronnes à son maître ou à son ami, qui le couvre de bandelettes triomphales. L'éphèbe est nu; mais il est armé d'un casque terminé par une tête de griffon à longues oreilles, portée sur un cou d'énorme dimension. Autour des deux figures est écrite la légende habituelle : HO ΓΑΙΣ ΚΑVOΣ. Micali a publié une figure étrusque en bronze, très-analogue à notre jeune guerrier (1). C'est aussi un éphèbe imberbe et nu, élevant la main droite avec un geste de triomphe, et coiffé d'un casque servant de base au long cou et à la tête d'un cygne.

(1) *Istoria degli ant. pop. d'Ital.*, Atlas, pl. XXXV, n° 13.

7

ΑΘΕΝΑΙΑ
ΠΟΣΕΙΔΟΝ
ΑΜΑΣΙΣ ΜΕΠΟΙΕΣΕΝ

ΔΙΟΝΥΣΟΣ ΑΜΑΣΙΣ ΜΕΠΟΙΕΣΕΝ

PL. IV
HEΔPIOS
ΑΘΧΣΝΑΣΤ
AEΛOS+

PL. VI.

320

ΕΥΡΥΤΙΟΝ
ΗΕΡΑΚΛΕΣ
ΑΘΕΝΑΙΕ

PL. IX.

ΕΙΟΤΕΛΟΤΕ
ΕΙΟΤΕΙΟΣ
ΕΙΟΧΛΟΤΕΙΧ
ΕΙΟΤΙΟΤΕΙ
ΚΛΙΟΛΗΚΙ

Pl. XIII.

PL. XV.

PL. XVII.
PL. XVI.
PL. XVIII.

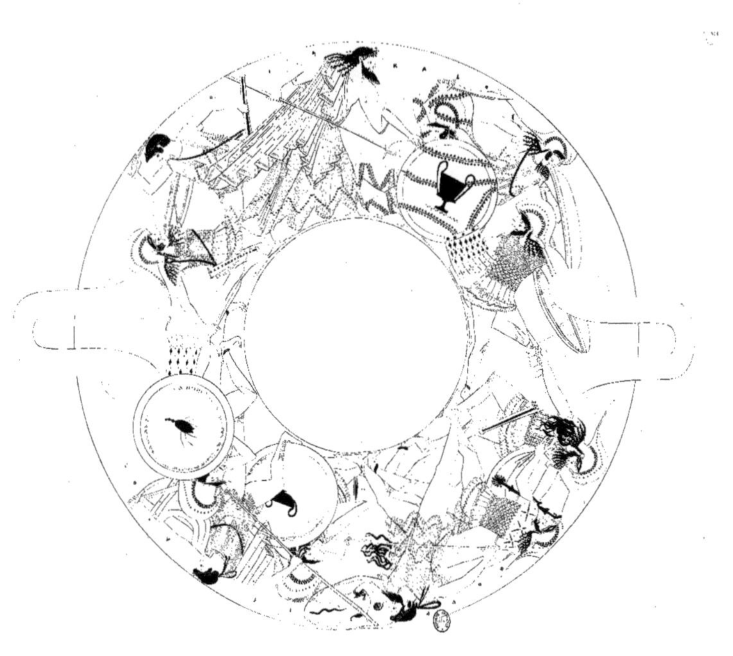

Pl. XX.
N° 69

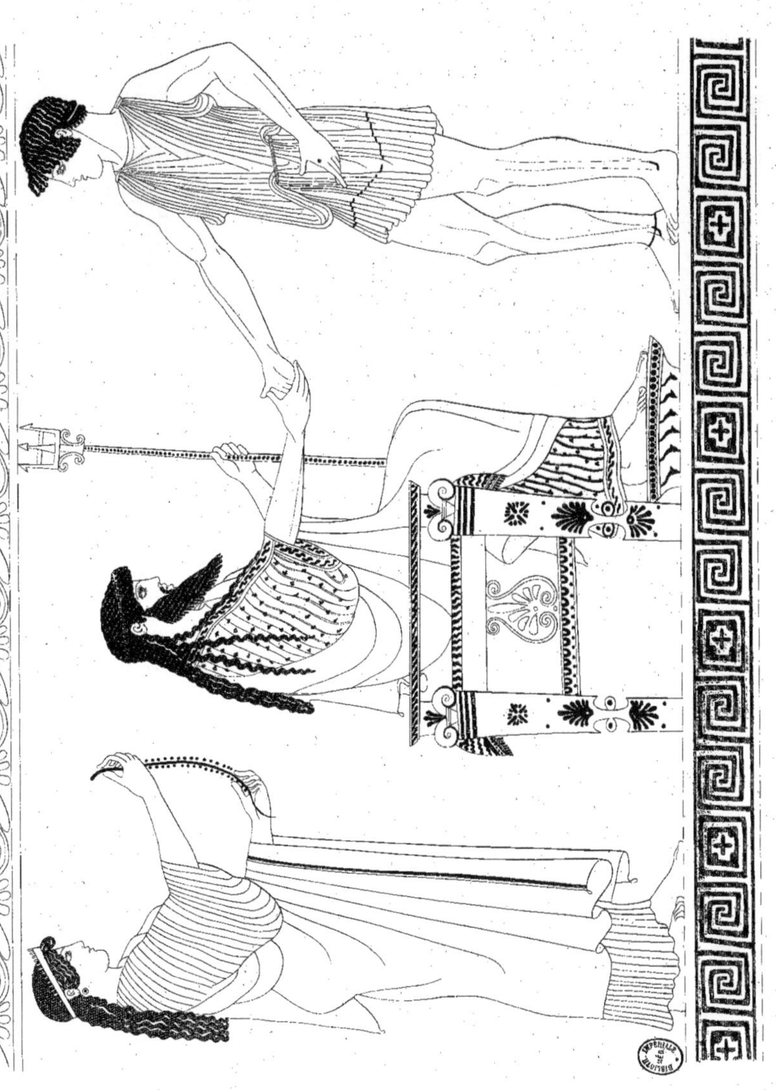

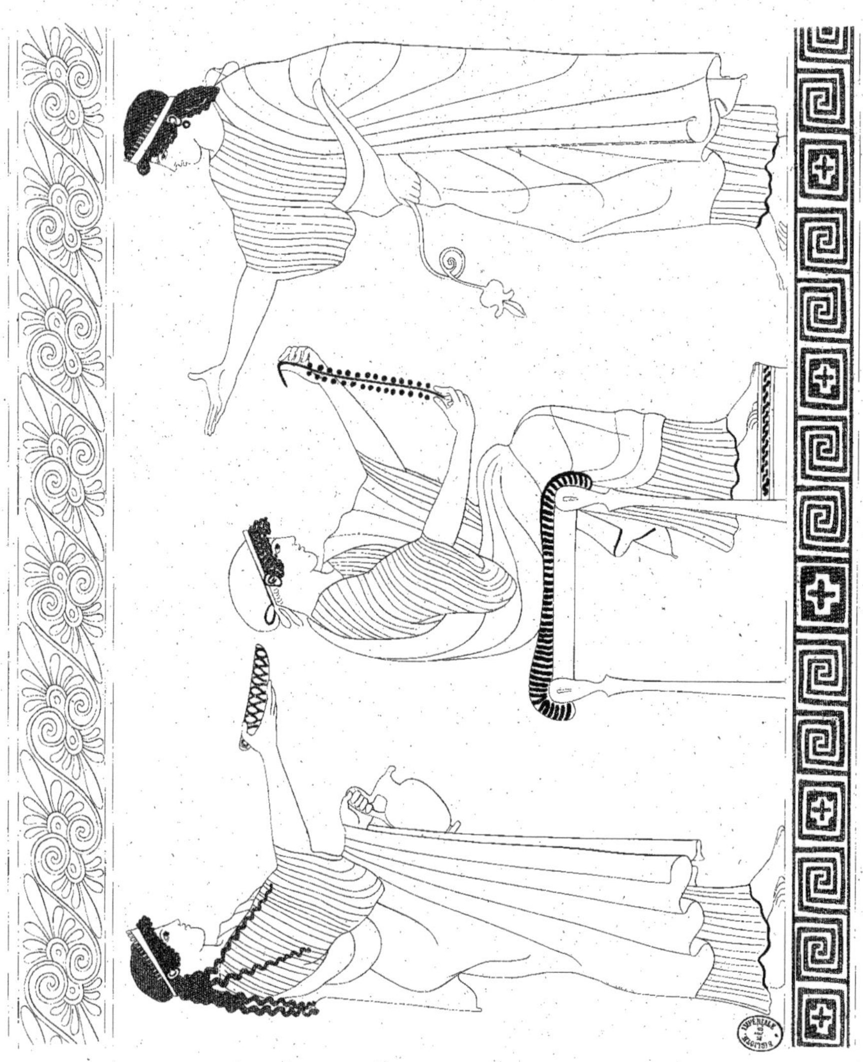

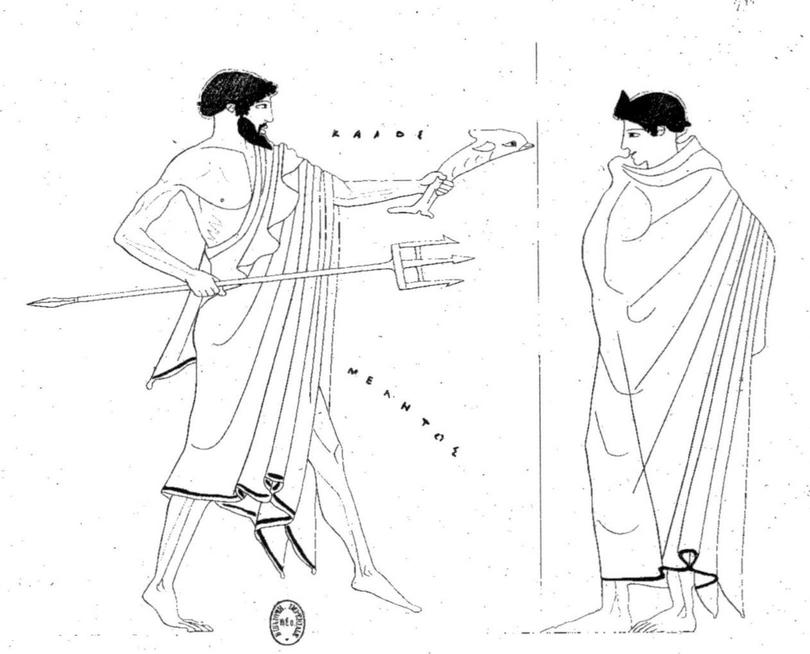
ΚΑΛΟΕ
ΜΕΛΑΝΤΟΣ

Pl. XXIV. — 674

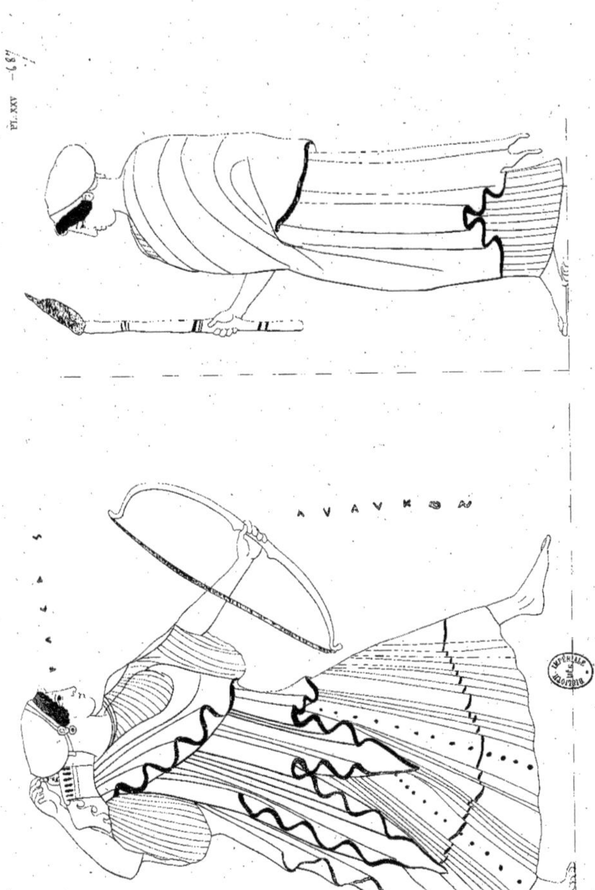
PL. XXV — 689.

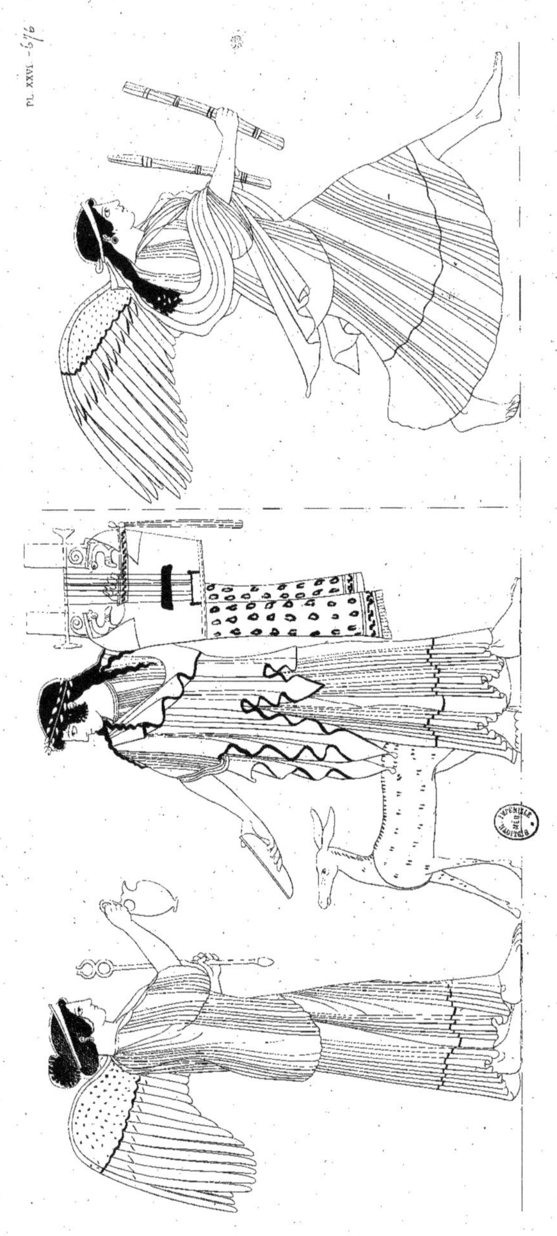
PL. XXVI - 5/49

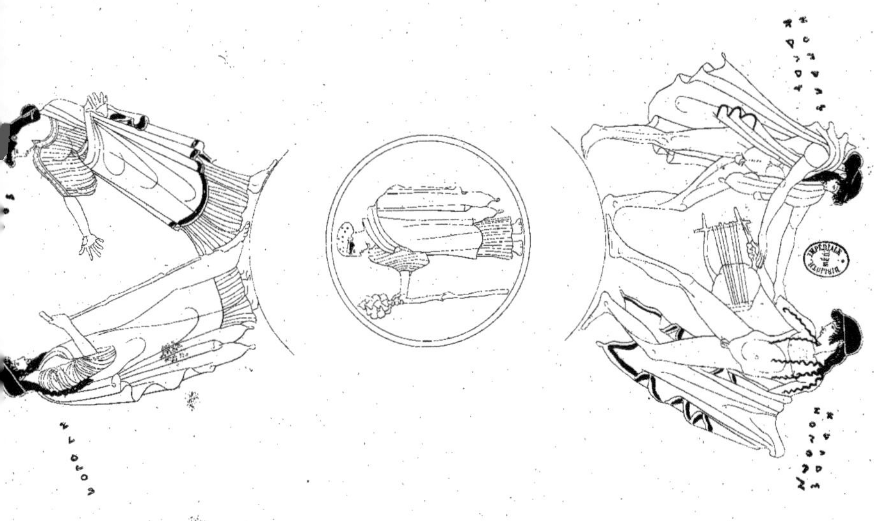

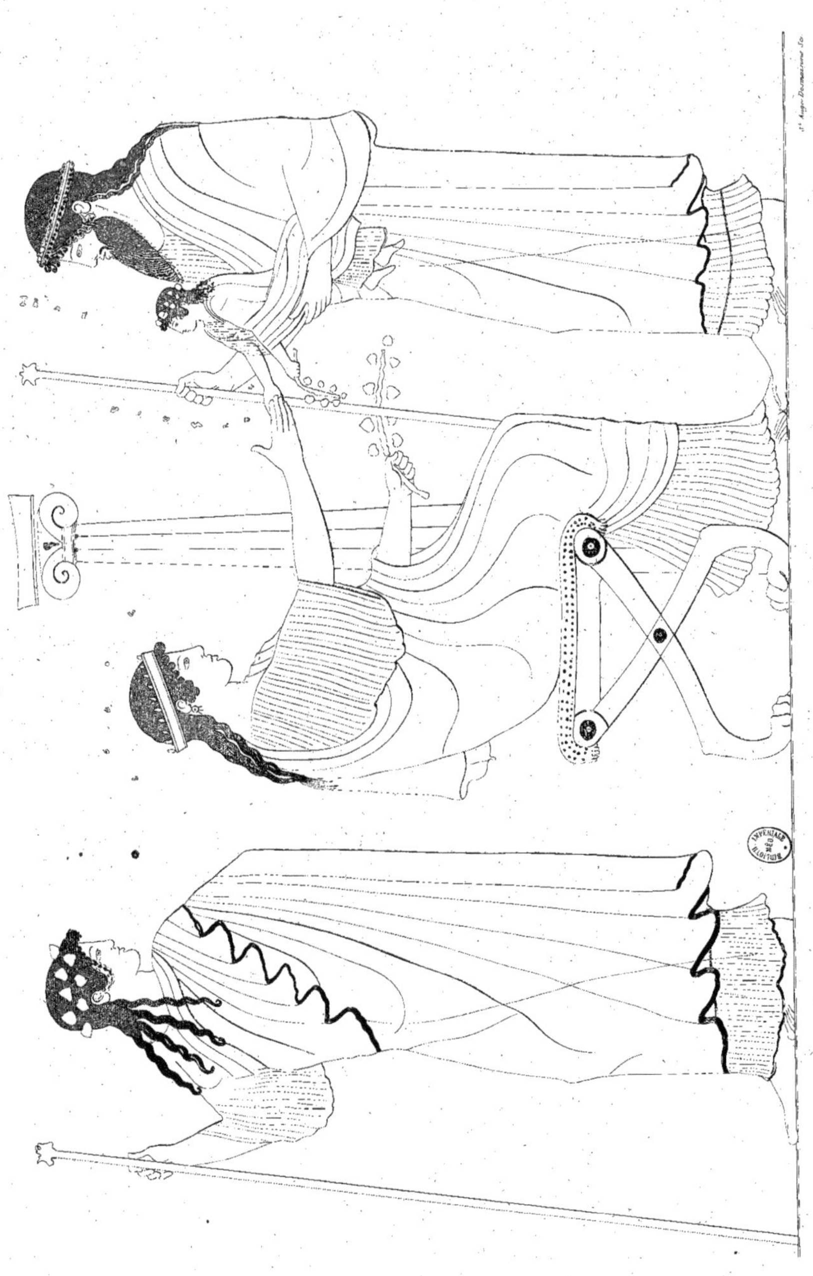

PL. XXIX. - 700

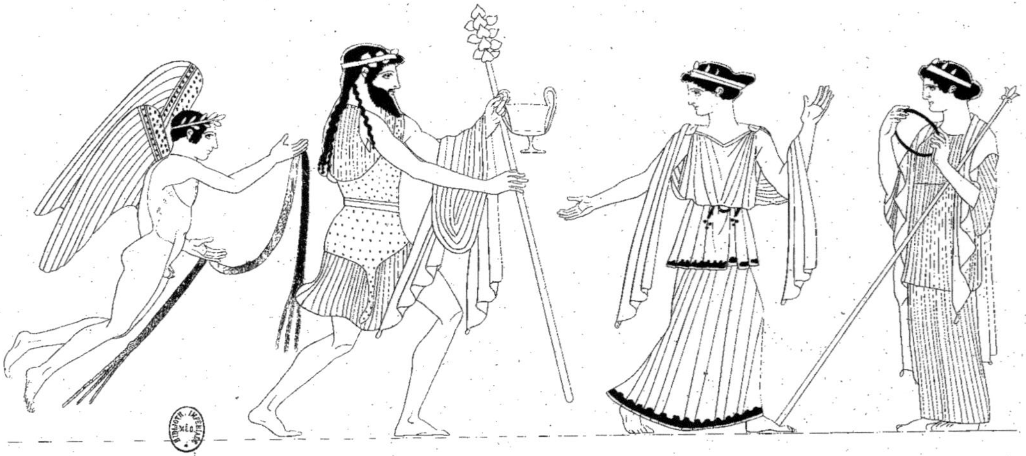

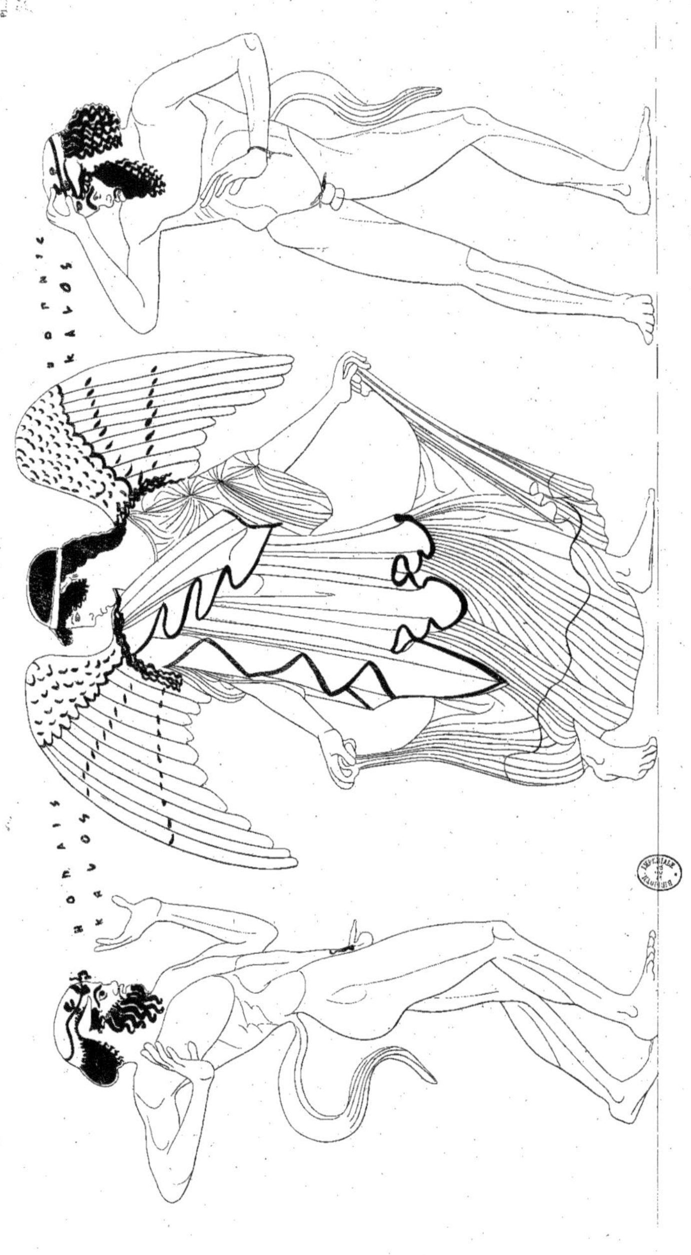

ΗΟ ΠΑΙΣ
ΚΑΛΟΣ
ΗΟΡΑΙΣ
ΚΑΛΟΣ

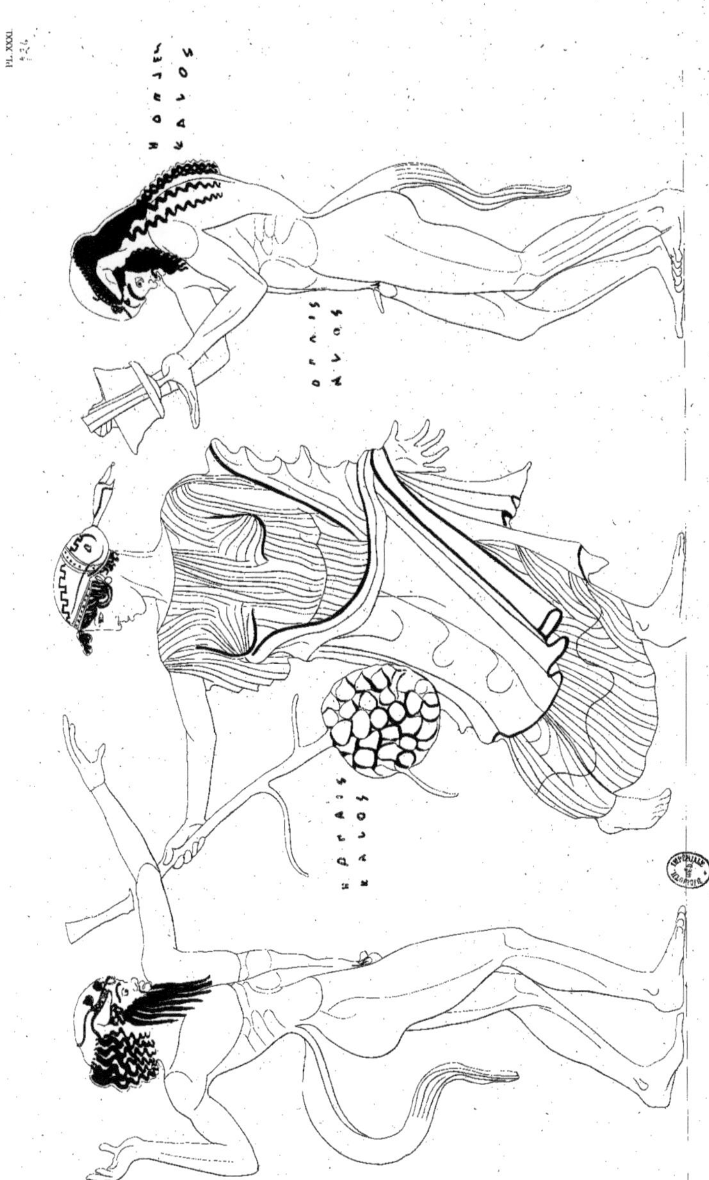
HO PAIS KALOS
KALOS
HO PAIS
KALOS

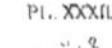

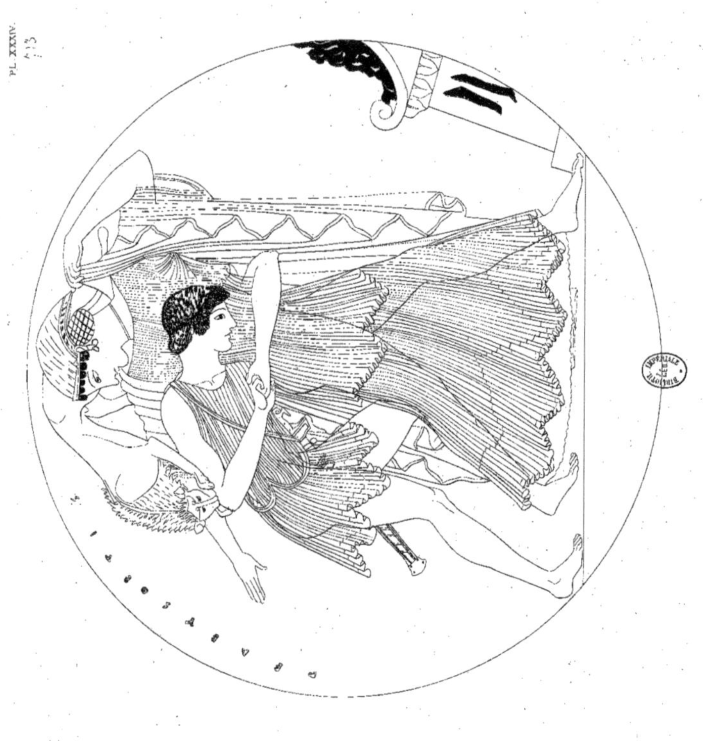
PL. XXXIV.

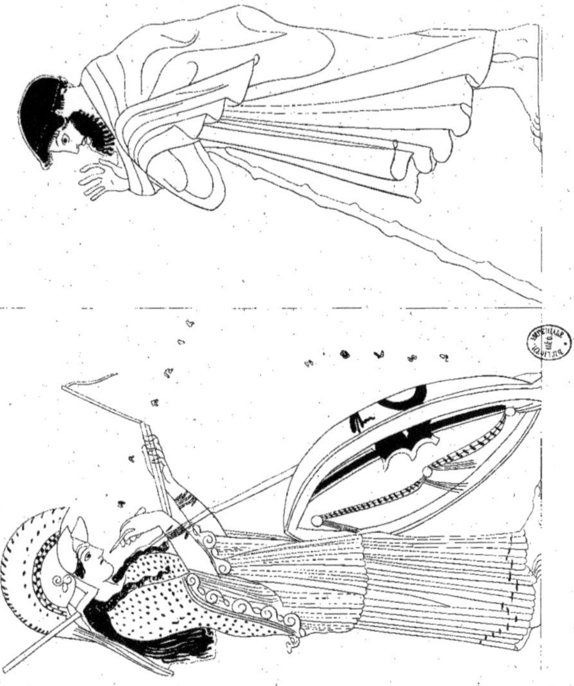

Pl. XXXV. — 628

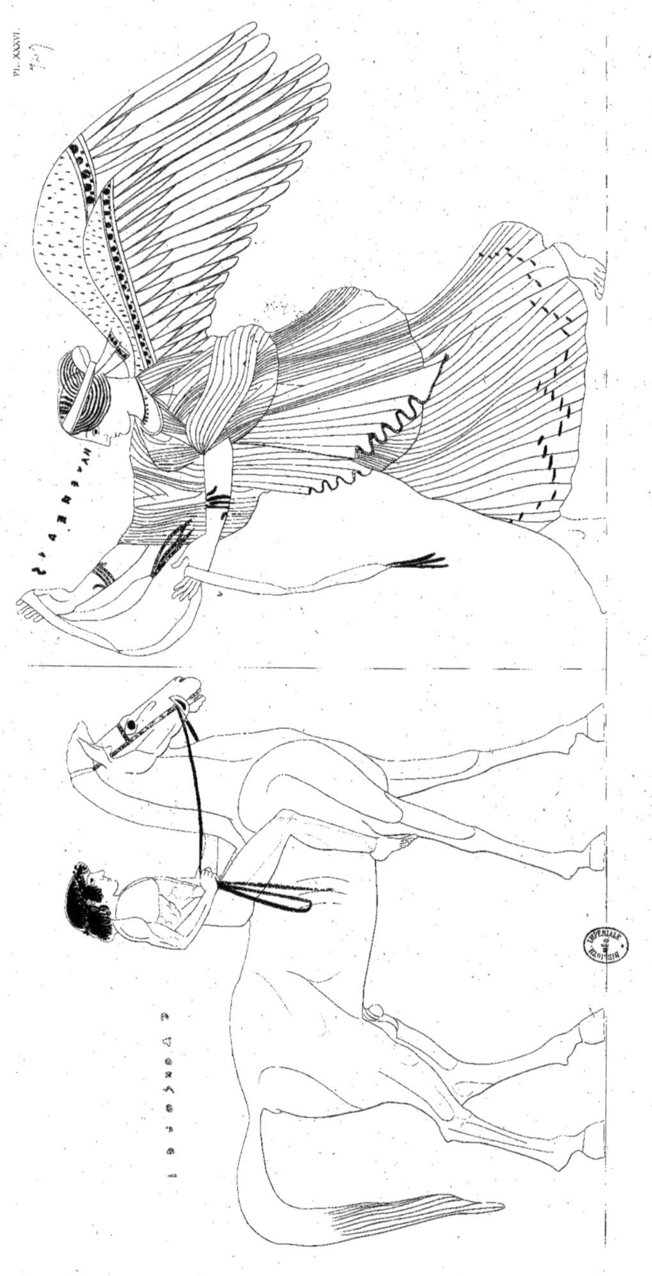
Pl. XXXVI

DIONOKLES
KALOS
DIONOKLES
KVPOS

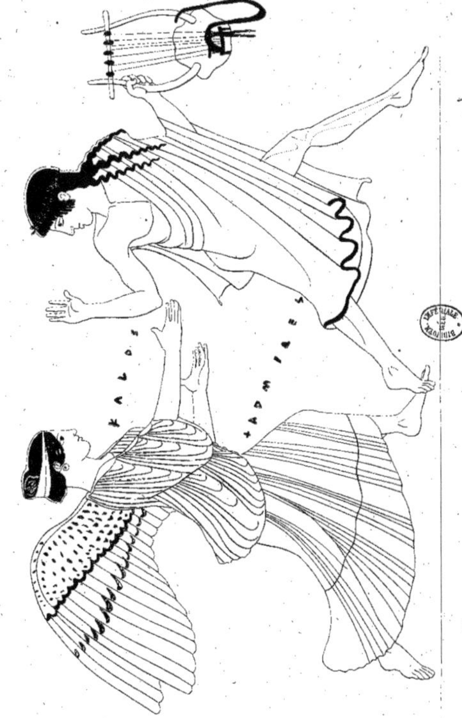
KALOS
ADMIDES

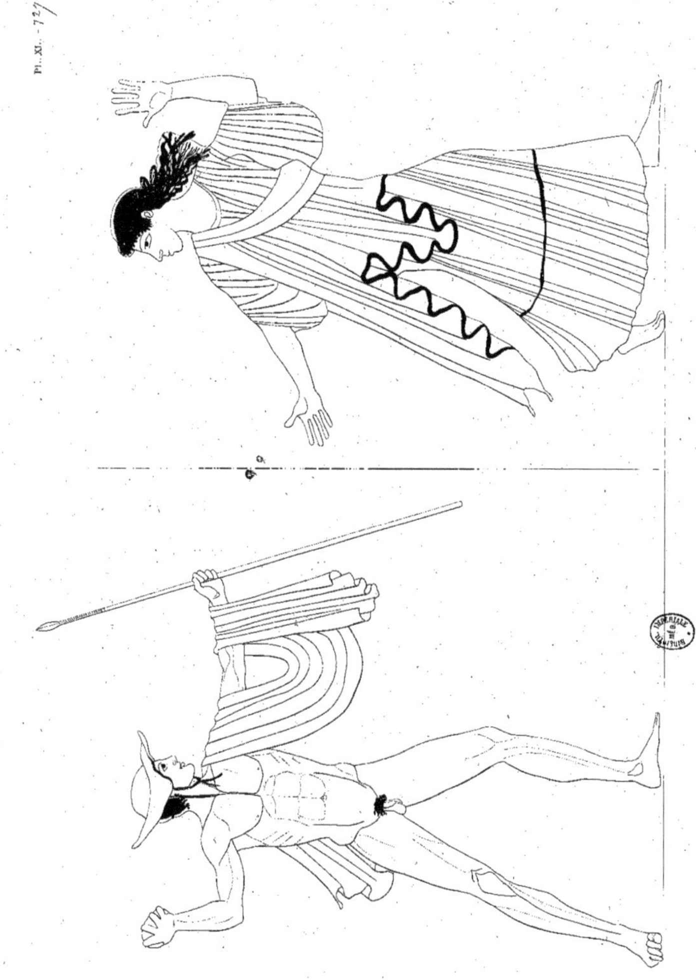

Pl. XI. - 727

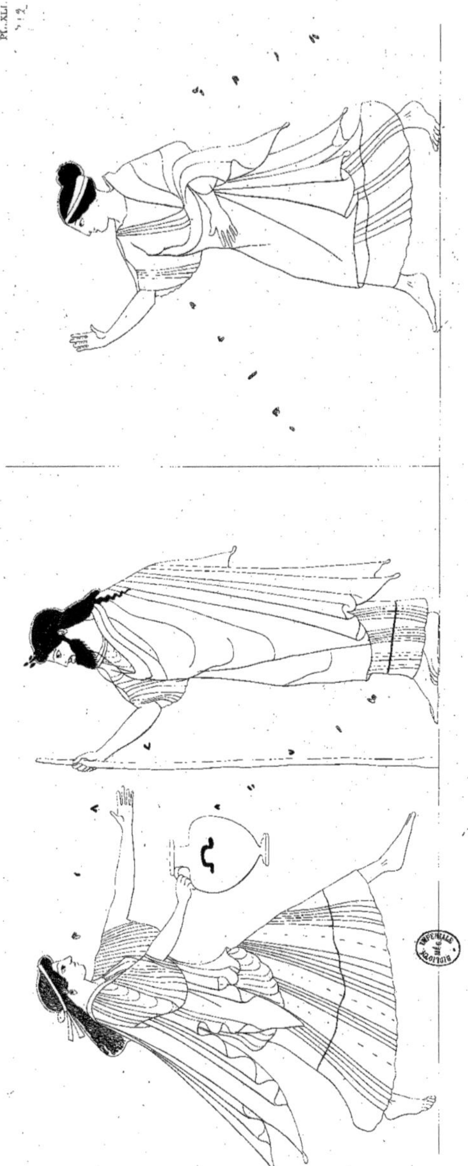

Pl. XLI.

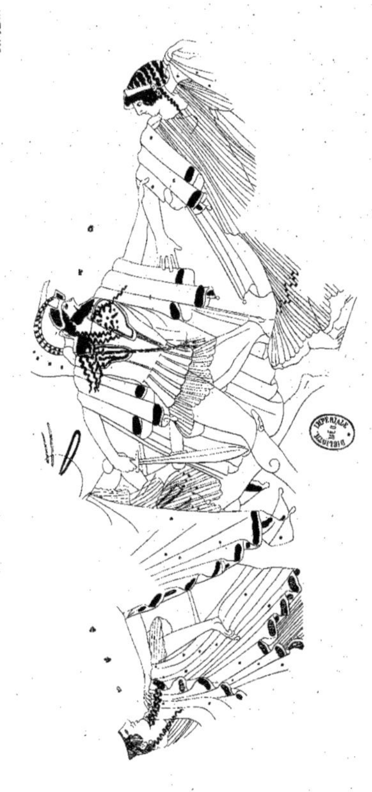
Pl. XLII.

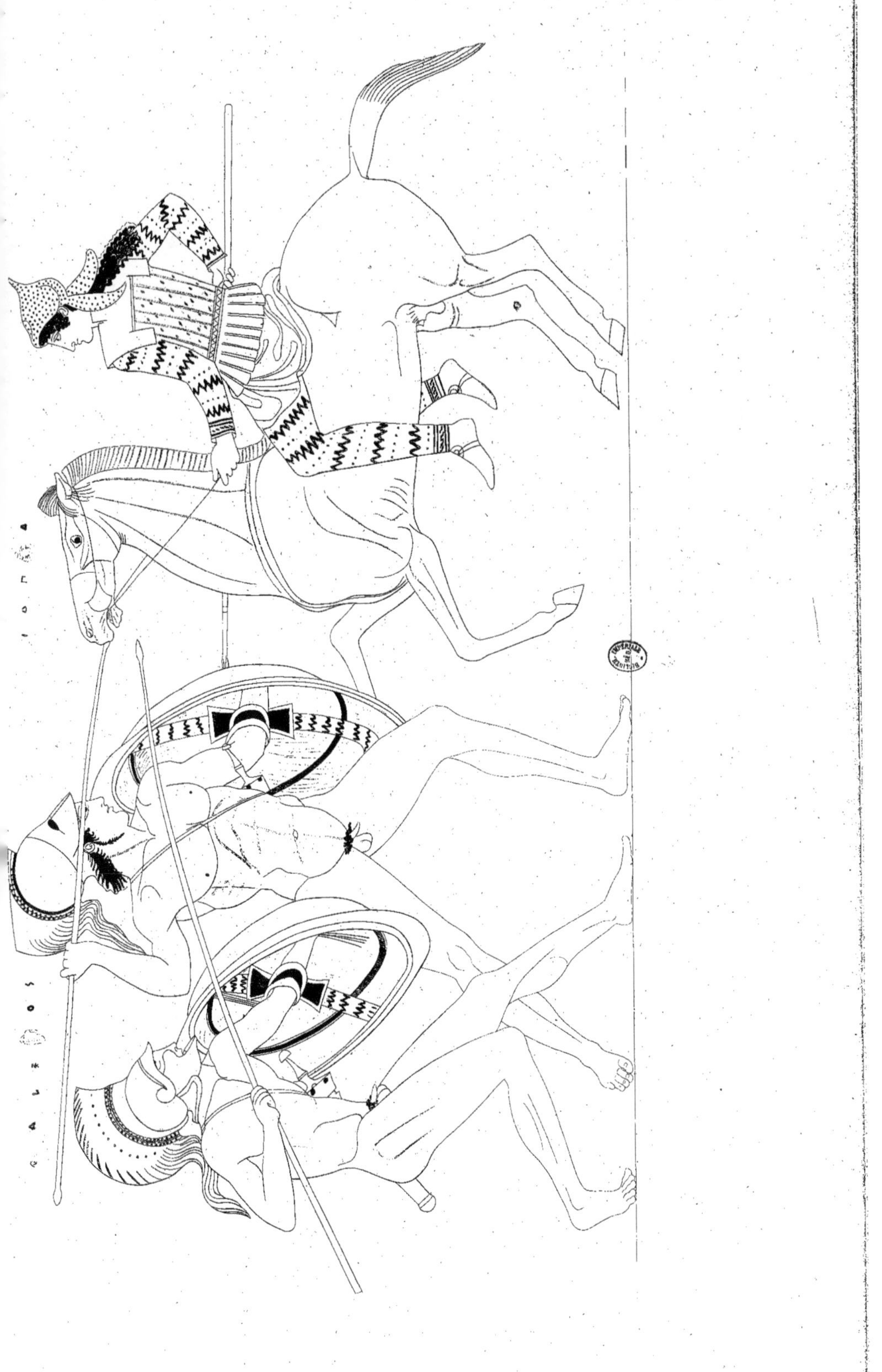

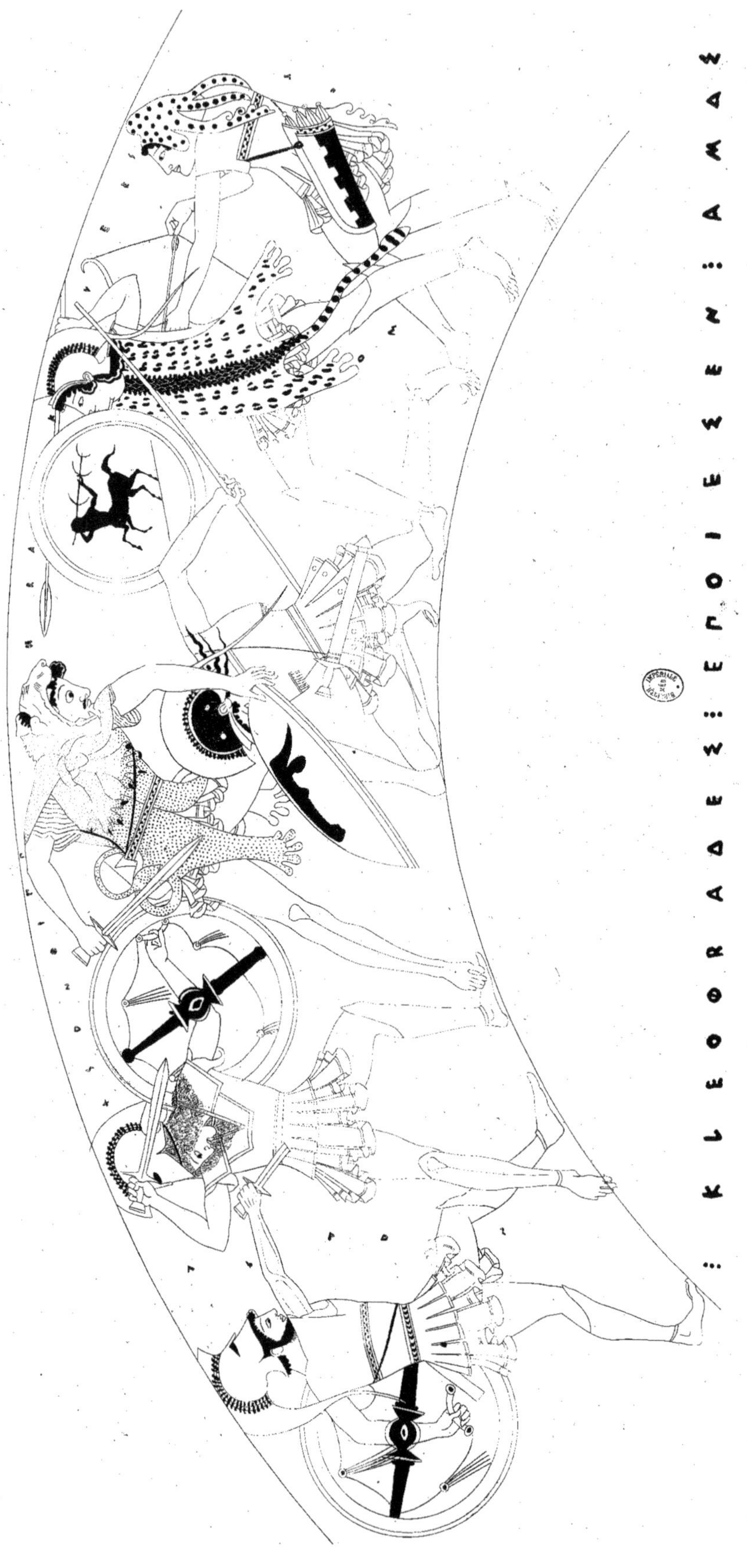